Photoshop魔法秀
——数码照片专业技法

天马科技工作室　编著

清华大学出版社

北　京

内 容 简 介

本书主要讲解数码照片处理的相关技能和应用。全书合理地将内容划分为两大部分。第1部分——摄影和数码照片处理基础知识，包括第1～第3章，主要讲述摄影的基础知识和Photoshop在数码照片后期处理中的相关技能与应用方法，通过本部分内容的学习，读者可以了解摄影的基本知识和构图原则，并能熟练掌握数码照片处理的相关技能；第2部分——专业魔法秀，包括第4～第10章，从数码照片处理的应用领域出发，合理安排相关的设计案例，讲述Photoshop在数码照片处理中的实际应用，通过本部分内容的学习，读者可以提升动手能力与创意水平。

本书配套的DVD光盘提供了书中所有实例的PSD源文件和所有素材，并提供了与书中实例同步的教学录像文件，帮助读者轻松地掌握操作技巧，达到高级操作水平。

本书适合数码摄影、广告摄影、照片修饰、平面设计等领域的用户阅读。无论是专业人员，还是普通爱好者，都可以通过本书迅速提高数码照片处理水平，成为照片处理高手。

图书在版编目（CIP）数据

Photoshop 魔法秀——数码照片专业技法 / 天马科技工作室编著 . —北京：清华大学出版社，2017
ISBN 978-7-302-48042-6

Ⅰ . ① P… Ⅱ . ①天… Ⅲ . ①图像处理软件 Ⅳ . ① TP391.413

中国版本图书馆 CIP 数据核字（2017）第 202069 号

责任编辑： 张　玥　赵晓宁
封面设计： 常雪影
责任校对： 徐俊伟
责任印制： 李红英

出版发行： 清华大学出版社
　　　　网　　址：http://www.tup.com.cn, http://www.wqbook.com
　　　　地　　址：北京清华大学学研大厦 A 座　　　　邮　　编：100084
　　　　社 总 机：010-62770175　　　　邮　　购：010-62786544
　　　　投稿与读者服务：010-62776969, c-service@tup.tsinghua.edu.cn
　　　　质量反馈：010-62772015, zhiliang@tup.tsinghua.edu.cn
印 装 者： 三河市铭诚印务有限公司
经　　销： 全国新华书店
开　　本： 185mm×260mm　　　**印　张：** 18　　　**字　数：** 427 千字
版　　次： 2017 年 10 月第 1 版　　　**印　次：** 2017 年 10 月第 1 次印刷
印　　数： 1～2500
定　　价： 79.00 元

产品编号：072283-01

前　言

近年来，随着数码摄影的不断普及，摄影爱好者对摄影后期技法的掌握要求越来越迫切。本书根据摄影师调整图片的流程，对图片的剪裁、修复、改善曝光、色彩校正、色调调整、风景摄影作品的修图技法和人像写真摄影作品的修图技法，以及照片不同风格的修饰和创意等进行了全新的阐述。

Photoshop 是当前使用最为广泛的数码照片后期处理软件。无论是数码照片的修饰修复、色彩调整，还是数码照片的合成与后期美化，Photoshop 都具有超强的处理功能。

全书共 10 章，各章的具体内容如下：

- 第 1 章　主要讲解摄影和画面构图的相关知识。
- 第 2 章　主要讲解 Photoshop 数码照片处理基本操作。
- 第 3 章　主要讲解 Photoshop 调整照片色彩、修复照片缺陷等方法。
- 第 4 章　主要讲解数码照片处理中的字体设计方法及相关案例。
- 第 5 章　主要讲解数码照片处理中的人物美化方法及相关案例。
- 第 6 章　主要讲解数码照片处理中的风景及人物的艺术化处理方法及相关案例。
- 第 7 章　主要讲解数码照片处理中的照片创意方法及相关案例。
- 第 8 章　主要讲解数码照片处理中的照片特效制作案例。
- 第 9 章　主要讲解数码照片处理中的儿童摄影设计案例。
- 第 10 章　主要讲解数码照片处理中的旅游照片美化设计案例。

本书内容丰富、图文并茂、通俗易懂，并提供了学习配套光盘。光盘包括书中所有实例的 PSD 源文件和所有素材，以及与书中实例同步的教学录像文件。本书适合以下读者学习使用：

（1）从事数码摄影或广告摄影的工作人员。

（2）从事影楼照片修饰的平面设计人员。

（3）摄影和照片处理的爱好者。

本书是集体智慧的结晶，参与本书编写工作的人员有高红川、张海波、高惠强、张甜、张志刚、高嘉阳、曾金、雷红霞、谭能、邱雅莉、刘云丽、梅晓凡、邓洋等。希望读者在阅读本书之后，不仅能开拓视野，而且可以增长实践操作技能，并且从中学习和总结操作的经验，达到灵活运用的水平。

编者

2017 年 5 月

目　录

第2部分
专业魔法秀

第1部分

摄影和照片处理基础知识

第 1 章　摄影与画面构图

【初学摄影需知】

　　摄影器材的选择关系着拍摄的成像质量，而画面构图，则需要摄影师运用自身的知识来构造出美好的画面。可以说摄影本身就是一种设计，它是一种语言，有语气、结构和逻辑，拍摄出来的影像作品就如同一个人，必须赋予它性格。摄影师通过主题赋予照片内在的情感和价值，后期照片处理的设计师则借助艺术手段在内容与形式之间寻找平衡、规范秩序，最终运用节奏和韵律进行多层次的视觉传达。

【各种摄影图展示】

1.1 怎样选择相机

目前市面上的数码相机机型很多，性能各异，无需胶卷的数码相机可以在拍摄之后就看到照片效果，而且可以直接将拍好的照片输入到计算机中进行修饰。要从种类繁多的产品中选择一款适合自己的数码相机，首先必须对数码相机有一些基本的了解。

目前市场中数码相机的种类繁多，但基本结构，都可分为以下几个部分：

1. 镜头

从成像原理上讲，数码相机的镜头与传统相机的镜头没有什么区别。

镜头对于数码相机来说非常重要，就像是它的眼睛。当聚焦于某个景物，并按动快门时，镜头就将景物成像在图像传感器上，将这个图像称为光学图像，其色彩和亮度分布与景物是对应的。相机镜头如图1-1所示。

2. 液晶显示屏

液晶显示屏（LCD）一般位于数码相机机身的背面。用户可以在液晶显示屏中查看所拍的相片，对于不满意的照片可以删除重拍。此外，在液晶显示屏中还可以通过对菜单命令的使用控制数码相机，极大地方便了用户查看照片。数码相机液晶显示屏如图1-2所示。

图1-1　相机镜头

图1-2　相机显示屏

3. 接口

数码相机中的接口可以将相机中所存储的相片传输到其他设备中，如计算机、数码冲印机等。接口的作用是为数码相机与其他设备的连接提供一个通道，如图1-3所示。

4. 存储卡

数码相机所拍摄的相片最终都储存在存储卡中，存储卡相当于普通相机的胶卷。存储卡其实可以说是CCD所形成的光电信号，即影像数据的储存"仓库"。目前市场上所卖存储卡的容量都较大，为用户提供了更大的存储空间。数码相机所用的存储卡如图1-4所示。

图 1-3　相机接口

图 1-4　存储卡

了解了相机的组成后，用户可以根据自己的实际需要去选择普通卡片数码相机、微单相机，或是更为专业的单反相机。

卡片机与单反相机的区别主要如下：

（1）卡片机是整体配置，不可以更换镜头，而单反相机可以更换镜头。

（2）拍摄时卡片机大都是全自动化的，而单反相机不单单可以自动化，还可以手动进行创作。

（3）卡片机面向的大都是低价位的市场，而单反相机大都是高价位的，专业一些的价位甚至更高。

（4）从拍摄效果来看，同等条件下单反相机的拍摄效果更好，但机身一般较重。卡片机拍摄效果要差一些，但体积更小，重量更轻，更适合携带。

除此之外，还有一种微单相机。微单包含两个意思：微型小巧，可更换式单镜头相机，也就是说这种相机有小巧的体积和单反相机一般的画质。即微型小巧且具有单反功能的相机称为微单相机。微单相机介于卡片式数码相机与单反相机之间，既有单反相机的专业画质，又有卡片机的轻薄。这是相机发展的又一里程碑。

1.2　镜头的选用

如果用户买的是单反相机，那么如何选择一款合适的镜头绝对是所有单反相机用户购买相机后的一大难题。即使选择了品牌，缩小了镜头的选择范围，仍然有不少问题待解决。

相比于变焦镜头来说，使用定焦镜头看得更清楚，也更容易拍出更好的照片。另外，定焦镜头往往更加轻便，也更易于长时间携带。

对于新手来说，最好的入门级镜头是 50mm f/1.8 镜头。该镜头使用灵活，可以拍摄清晰的照片，这些优点都是套装镜头望尘莫及的。尼康 50mm f/1.8 人像定焦镜头，价格便宜，是入门级镜头的首选，如图 1-5 所示。

当对相机和拍摄技巧有了一定的掌握后，可考虑选择优质的 35mm 或 85mm 镜头。图 1-6 所示为尼康 35mm f/1.4G 人像广角定焦全画幅单反镜头，价格较贵，适合更为专业的拍摄工作。虽然这些镜头很贵，但在某些方面它们更加实用，而且能以较好的性价比提供优质的图像质量。对多数情况下的摄影而言，使用 35 ~ 85mm 的镜头是最适合的。

图1-5 50mm镜头

图1-6 35mm镜头

1.3 摄影的背景选择

拍摄人像，背景的选择和处理很有讲究。背景选择得当，人物会显得鲜明突出；相反，画面则会呈现紊乱状态。怎样的背景才是较为理想的呢？一般来说选择背景应遵循以下几条原则。

（1）要符合人物的性格，每个被拍摄者的相貌不同，个性也不一样，有文静羞涩的，有娇态可掬的，摄影师需要根据人物特性来选择合适的场景。

（2）在室内拍摄，最好是有助于性格的刻画。背景可以采用一幅图画、一个搭建的场景。如拍摄对象是一位正在哄着怀里宝贝入睡的母亲，选用色泽素净的背景更能使其显得优雅、恬静。反之，若镜头前是一个充满朝气的年轻人，那选用色彩浓艳一点的背景更能增添其"威烈"的气势，如图1-7所示。

（3）拍摄以连地背景作衬景的人物照片，被摄者不宜靠背景过近。在背景宽度允许的条件下，人物应尽可能地离背景远一些，如图1-8所示。

图1-7 色彩浓烈的背景

图1-8 连地背景

1.4 拍摄画面的构图方式

面对丰富多彩的现实生活，谁都想拍摄出生动感人的艺术作品。当镜头对着人物和具有典型意义的事件，对着宏伟的建筑场景和壮丽的山河风光时，要考虑的一定是如何构成一个理想的画面，创作出完美的艺术形象来。

在很大程度上，构图决定着构思的实现，决定着作品的成败。因此，研究摄影构图的

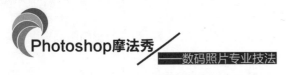

实质就在于帮助我们从周围丰富多彩的事实中选择出典型的生活素材，并赋予它以鲜明的造型形式，创作出具有深刻思想内容与完美形式的摄影艺术作品。

1. 创作构图

摄影创作是具有最多变化的一种构图方式。当一个摄影者的头脑被一个真实的情感意象所吸引、占有，又有能力把它保留在那里并用视觉形象表现出来时就会创造一个好的构图。摄影创作离不开构图，它是作品能否获得成功的重要因素之一，创作与构图的关系就是这样密切。如图1-9所示，摄影师巧妙地运用视觉的远近关系将人物的脚与斜塔自然地融在一起，感觉就像人物的脚登在斜塔边上一样。

2. 空白留取

摄影画面上除了看得见的实体对象之外，还有一些空白部分，它们是由单一色调的背景所组成，形成实体对象之间的空隙。单一色调的背景可以是天空、水面、草原、土地或者其他景物，由于运用各种摄影手段的原因，它们已失去了原来实体形象，而在画面上形成单一的色调来衬托其他的实体对象。如图1-10所示，画面中的人物与天空形成鲜明的对比，明亮的天空有大量的空白处，而较黑的人物则显得更加突出。

图 1-9　创意构图

图 1-10　留白图像

3. 画面均衡

拍摄的图像画面均衡与否，不仅对整体结构有影响，还与观众的欣赏心理紧密地联系着。

现实生活中，一切稳定的物体都有均衡的形式：桌子四条腿是稳固的，如果三条腿则一定将它形成均衡的鼎足之势才会稳固；盖房子如果下面小上面大，就给人一种不稳固的感觉；挑担子一头重一头轻，使人走路不便；劳动中人们的姿态显然是求得身体均衡以合乎这一劳动特点的姿态……许许多多的生活现象培养了人们要求均衡的心理，并且在人们的审美过程中起到了一定的作用。

所以，一幅画面在一般情况下应该是均衡、安定的，让人感到稳定、和谐、完整。如图1-11所示，照片中的人物占据着画面正中间，左右背景均衡，且人物一

图 1-11　均衡画面

高一低，使得画面感稳定。

4. 线条的表现力

构图主要基于两大因素，一个是线条；另一个是影调。它们是一幅摄影画面的"肌肉"和"骨架"，从形式上看任何一幅照片，会发现它们的画面都是由不同形状的线条和影调构成的。

摄影艺术必须重视线条的提炼和运用，要善于利用角度、光线、镜头等自身特有的手段，把不同物体富有表现力的外沿轮廓加以突出和强调，使之清晰简洁，借以再现准确、鲜明、生动的视觉形象。如图1-12所示，画面中的人物、窗户，以及墙壁上的纹路都十分具有线条感。

图1-12 线条的表现力

1.5 拍摄用光

在拍摄照片时，光线的运用有着举足轻重的作用，每一个优秀的摄影师都是调整光线的高手。布光的运用不仅关系着一个摄影师的风格和个性，还是一幅作品成败的关键因素。

1. 阴天拍摄

阴天拍摄照片时，室外的光线是非常柔和的散射光，用这种光线拍摄人像能取得比较好的效果。当效果不够理想时，还可以利用反光板来进一步改善光线效果，同时增加人物眼睛部位的光线，减轻下巴下面的阴影，这样才能拍出更漂亮的人像。

但是，摄影者要注意，在使用这种光线进行拍摄时，要把人物主体的姿势和位置安排得当，让散射光和反射光尽量照亮人物脸部。例如，选择一个比较开阔的场地，不要让建筑物、树木等挡住自然的散射光。然后让人物随着光线移动，从而选择一个最佳的光线位置。

2. 使用自然光

在室内，摄影者可以首先考虑在靠近窗户的位置进行拍摄。因为在窗户边上，尤其是朝北的窗户会有非常柔和的散射光。若窗户灰尘较多，光线会更加柔和。

当投射进窗户的是直射光线时，摄影者还可以拉上一层很薄的窗帘来缓解一下光线的强度。在靠近窗户的位置，人物主体可以坐着，也可以站着，但要避免光线看起来没有立体感，同时确保被摄体可以从窗户那里获取侧光。此时脸部另一侧的柔和阴影会加强人物照片的效果，让人物主体更加具有深度和趣味。

3. 充分利用室内的灯光

除了在窗户边上，摄影者还可以利用室内的灯光进行拍摄。相对而言，室内的光线比较容易控制。

当人物在气氛较好的地方就餐时，摄影者可以选择一处灯光效果非常明显的位置。在

这种场所，其灯光的光线都是偏橙红色调，能给人一种很温暖的感觉。这时给身边的朋友或者亲人拍摄一张照片，感觉会很不错的。但要注意的是，如果灯光在顶部，很容易产生顶光的效果，人物的脸部会出现很多小阴影。这时人物主体可以选择把头部稍微向上仰，尽量让脸部受光均匀一些。除了餐厅，摄影者还可以选择在自己或者朋友家中进行拍摄。打开家中的灯（夜晚的效果会更好），同样选择光线比较柔和、温暖的位置，以家中的沙发或者其他有氛围的地方作为背景，人物主体在如此舒适、熟悉的环境下更能随意地表现了。

4. 室外用光

在人物摄影中，顺光与侧光是最基本的两种光。顺光的意思是光源照亮脸部朝向相机的部分。一般情况下，顺光相对于侧光来说比较少用，因为面部受光比较均匀，所以人物的轮廓也比较扁平。如图 1-13 所示，人物面朝相机，面部轮廓扁平化。

侧光是光源照亮脸部侧向相机的部分。侧光可以强调面部轮廓，并且可以有选择地用光让面孔狭窄或宽广，因此侧光是摄影中比较常见的用光方式。如图 1-14 所示，相机从人物侧面取景，轮廓显得更加清晰好看。

图 1-13　顺光图像

图 1-14　侧光图像

1.6　清晰抓拍运动中的人物

拍摄运动中的人物而保持画面清晰，这非常考验摄影师的拍摄手艺。因为它涉及构图、内容，以及对画面瞬间的判断力，经常观察人物动作并细心分解就可以得到需要拍摄的释放点。

抓拍不仅需要灵活多样的方式方法，而且需要具备相应的抓拍技术。二者有机结合才能有效地提高抓拍的质量。常用的抓拍技术有以下几种：

1. 高速抓

用高速度快片和高速度快门抓拍。如体育运动中的一些高难度动作、民俗活动中的跳舞、摔跤、赛车、赛马等，瞬息万变，稍纵即逝，非高速抓不可，如图 1-15 所示。

2. 低速抓

这种抓拍模式多在拍摄活动幅度较小的人物时采用，如拍摄室内人物活动或现场的人像，为求其自然生动并适当表现空间关系，必须用现场光、小相机、快片、慢门、大光圈，如图1-16所示。

图1-15 高速抓拍

图1-16 低速抓拍

3. 近抓

与拍摄对象距离很近的拍摄。这时用标准镜头或广角镜头，既可以拍对象的单人特写，也可以拍对象的群体活动，并把对象的活动环境摄入画面。如果光线好，对象的活动量不大，可以用小光圈和超焦距。光线较弱，可以用大光圈或慢速度，如图1-17所示。

近拍时，可以通过取景器取景，也可以把相机举起来不用观取景框。特殊情况下需要偷拍时，相机挂在胸前或拿在手里，不用眼观取景框也可按动快门，但必须事先估计距离与影像在底片上的大小。

4. 远抓

用望远镜头或变焦镜头远距离拍摄。运用这种抓拍技术，不会让拍摄对象感到拘束。远摄镜头可以突出表现对象的神情，可以为对象拍摄特写。缺点是对象活动的环境不能得到充分的表现。因为景深小，所以必须张张对好焦距。光线弱时不易拍出清晰的作品。

5. 迎面抓

对象迎面而来的抓拍，在强光线或主要靠闪光灯的情况下，可用标准或广角镜头、小光圈、超焦距拍摄。也可以与对象保持一定距离，预定一个焦点位置，等对象到此位置时按动快门，如图1-18所示。

图1-17 近景抓拍

图1-18 迎面抓拍

6. 追随抓

对横向运动的对象抓拍。这时需要事先估计好距离，当对象在镜头前经过时，一边追随对象，一边按动快门。追随抓包括横向追随、竖向追随、弧形追随和纵向追随等，如图 1-19 所示。横向追随的拍摄要点是：

（1）快门速度不能快于 1/30s，快门越慢，背景"拉"出的线条越长，主体的动感也越强烈。

（2）背景要有光斑或深浅色调对比构成的斑点。背景如果是没有任何明暗或深浅变化的一种色调，拍出的照片动感不强。

（3）拍摄时相机应与对象同步转动，即拍摄者站在原地以腰为轴转动。

7. 侧面抓

从被摄对象的侧面拍摄，无须造成背景的虚影。这时按对象活动量的大小与行进速度选用快门，然后决定光圈。通常需要用较快的快门，以保证影像的清晰度，如图 1-20 所示。定焦的方法，一是预定焦点位置；二是目测及快速对焦。

图 1-19　追随抓拍

图 1-20　侧面抓拍

当对象活动量小或基本不动的情况下，可用长焦镜头拍摄其侧面特写。一般情况下，从侧面拍摄人物活动，用标准镜头或广角镜头为好。

第 2 章　Photoshop 数码照片处理基础

【照片处理的基本操作方式】

进行照片处理前，首先要知道为什么要对照片进行后期处理。虽然拍摄出来的照片有些在构图或风景上非常让人满意，但又往往会因为天气、环境或其他原因造成照片的色彩暗淡、明亮度不够、照片较模糊等，那么怎样才能够让照片变得更加完美呢？这就需要进行照片后期处理了。

现在处理照片的软件多种多样，但最常用和最强大的软件则是 Photoshop。本章将学习 Photoshop 中常用的一些图像文件基本操作，让用户可以灵活处理图像。例如，如何裁剪和删除图像、如何调整图像颜色，以及图层和蒙版的应用等。

【部分摄影照片展示】

2.1　为什么需要后期处理

　　每次外出游玩后，我们总会拍摄很多照片，但或多或少都会存在一些令人不满意的地方。这就需要使用Photoshop对照片进行处理，在软件中可以调整图像大小、色调、明暗度等，还可以对一些图像进行修复或删除操作。下面将列出一些调整照片时的常见问题，可以看到照片在处理前后将产生很大的区别。

1.　处理颜色偏暗的照片

　　照片颜色偏暗，一般有两个原因：一是周围环境太暗；二是拍摄时整体曝光不足。问题照片都可以在Photoshop中通过调节亮度和对比度的方法得到以修复。

　　（1）打开图像"素材/第2章/2.1/海边的女孩.jpg"，如图2-1所示，可以看到由于背光的原因造成照片整体偏暗，需要调整。

　　（2）选择"图像"→"调整"菜单下的"曲线"和"亮度/对比度"这两个命令进行调整，"亮度/对比度"命令能够调整图像的整体亮度和对比度，其对话框如图2-2所示。

图2-1　打开素材图像

图2-2　"亮度/对比度"对话框

　　（3）选择"曲线"命令，可以通过曲线对图像明暗度做精细的调整。在曲线中添加多个节点即可调整，其对话框如图2-3所示。

　　（4）调整后的图像效果如图2-4所示，可以看到与之前的图像比较有了较大变化。

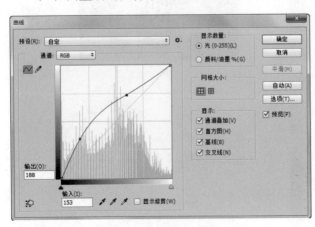

图2-3　"曲线"对话框

图2-4　调整后的图像效果

技巧提示：

> "曲线"命令在图像色彩的调整中使用得非常广泛，使用该命令可以对图像的色彩、亮度和对比度进行综合调整，它可以在从暗调到高光这个色调范围内对多个不同的点进行调整。

2. 处理偏色的照片

很多人拍完照片一看，怎么照片偏色和平常看的不一样啊？无论是用彩色胶卷还是用数码相机都会发生这种现象。造成这种现象主要有以下几种原因：

（1）周围环境的影响。这是造成照片偏色最主要的原因，被摄体周围存在的各种各样颜色的反射光和透过光等都会影响图像颜色。

（2）荧光灯导致偏色。肉眼看荧光灯好像无色，但实际拍摄出的照片偏绿。这是因为胶卷、数码相机传感器对荧光灯的绿色波长非常敏感，因此拍出的照片会偏绿。

（3）晨光夕阳和灯光影响偏色。早晨拍摄图像会偏蓝色调，傍晚会偏橘红色调，在灯光条件下拍摄则会偏红黄色调。产生这些现象的主要原因是环境光与拍摄器材本身所设定的标准光源条件不同而造成的。

如果发现拍摄的照片偏色，可以在 Photoshop 中使用"色彩平衡"命令对照片进行处理。

（1）打开图像"素材 / 第 2 章 /2.1/ 枫叶 .jpg"，如图 2-5 所示，可以看到由于环境光的原因，照片整体偏蓝色调，枫叶已经没有了正常的红色。

（2）使用"色彩平衡"命令，可以通过参数设置对图像中的各种颜色进行平衡处理，例如增加红色调和黄色调，如图 2-6 所示，将改变偏色的图像效果。

图 2-5　打开素材图像

图 2-6　调整后的图像效果

3. 改善肌肤状态

经常可以见到很多精细的图片中人物肌肤都显得非常白皙、水灵，也许实际效果并没有那么美好。在 Photoshop 中可以通过调整色调和使用"高斯模糊"滤镜命令来改变人物肌肤状态。

（1）打开图像"素材 / 第 2 章 /2.1/ 宝贝 .jpg"，如图 2-7 所示，可以看到照片中的宝贝皮肤状态不是太好，需要调整。

（2）获取人物图像面部选区，然后通过滤镜中的"高斯模糊"命令适当模糊图像，其对话框如图 2-8 所示，对话框中的数值越大，图像越模糊。

图 2-7　打开素材图像

图 2-8　"高斯模糊"对话框

（3）调整色调时需要使用调整图层里的"色相 / 饱和度"命令，分别调整红色调和黄色调，并增加这两个色调的亮度，其"属性"面板如图 2-9 所示，调整后就可以得到皮肤白皙水灵的效果，如图 2-10 所示。

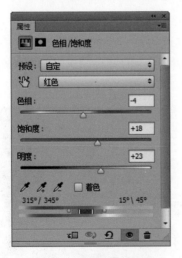

图 2-9　调整图像色调

图 2-10　图像效果

设计点评：

对人物肌肤进行处理时，通常都是调整黄色调和红色调，这是因为人物的肌肤实际上就呈现这两种颜色，只要对这两种色调处理好了，就能得到完美的肌肤效果。

4. 修复照片中多余的图像

当照片中有部分图像为多余时，可以使用 Photoshop 中修复工具组中的工具对图像进行处理，删除或复制图像，清除多余的图像。

（1）打开图像"素材 / 第 2 章 /2.1/ 雀斑少女 .jpg"，如图 2-11 所示，可以看到人物面部有许多小雀斑，可以使用修复工具对雀斑进行精细的调整。

（2）使用"高斯模糊"命令适当模糊面部，然后选择工具箱中的修复画笔工具 对人物面部雀斑图像进行取样覆盖，得到修复效果，如图 2-12 所示。对比一下修复效果，可以看到人物面部雀斑消失了。

图 2-11　打开素材图像

图 2-12　修复效果

技巧提示：

　　修复画笔工具与污点修复画笔工具都能很好地修复图像。修复画笔工具主要用于修复图像中的瑕疵，它可以利用图像或图形中的样本像素来绘画，还可将样本像素的纹理、光照、透明度和阴影与所修复的像素进行匹配，从而使修复后的像素自然地融入图形图像中。污点修复画笔工具可以移去图像中的污点，它能取样图像中某一点的图像，将该图像覆盖到需要应用的位置，产生自然的修复效果。

5. 让模糊的图像变清晰

在拍摄过程中，由于各种因素造成的图像模糊都可以使用锐化滤镜将图像变得清晰。当然，要达到完全清晰的效果，还取决于原图片的模糊程度。

锐化滤镜组中的命令都可以通过增加相邻图像像素的对比度，让模糊的图像变得清晰，画面更加鲜明、细腻。

（1）打开图像"素材/第2章/2.1/母女.jpg"，如图2-13所示，可以看到人物图像有些模糊。

（2）锐化处理，可以结合锐化滤镜组中的"USM 锐化"滤镜和"防抖"滤镜，通过参数设置使人物轮廓显得更加清晰。锐化后的图像效果如图2-14所示。

图 2-13　打开素材图像

图 2-14　锐化后的图像

2.2　裁剪图像

使用 Photoshop 对照片进行编辑时，有时会觉得图像的尺寸比例不合适，或是出现倾斜等情况，这时使用裁剪工具就是最好的选择。

使用裁剪工具可以将多余的图像裁剪掉，从而得到需要的那部分图像。选择裁剪工具 ，在图像中单击并拖动鼠标将绘制出一个矩形区域，矩形区域以内的图像将保留下来，矩形区域外的部分将以灰色显示，并且被删除。裁剪工具属性栏如图 2-15 所示。

图 2-15　裁剪工具属性栏

- 比例：设置裁剪图像时的比例。
- 清除：清除上次操作设置的高度、宽度、分辨率等数值。
- ⊘按钮：单击该按钮可以取消当前裁剪操作。
- ✔按钮：单击该按钮，或按 Enter 键可以对裁剪操作进行确定。

（1）打开图像"素材 / 第 2 章 /2.2/ 花丛中 .jpg"，此时在图像的边缘会出现一个定界框，如图 2-16 所示。

（2）在图像中拖动绘制出一个裁剪矩形区域，区域内将呈现方格效果，而区域外将呈现灰色透明图像，如图 2-17 所示。

设计点评：

将鼠标移动到裁剪矩形框的右方中点上，当其变为双向箭头↔时拖动鼠标，可以调整裁剪矩形框的大小。

图 2-16　出现定界框

图 2-17　绘制裁剪区域

（3）将鼠标移动到裁剪矩形框的 4 个角外，当其变为旋转箭头 ↱ 时拖动鼠标可以旋转裁剪矩形框，如图 2-18 所示。

（4）按下 Enter 键，或单击工具属性栏中的"提交"按钮 ✔ 进行确定，即可完成图像的裁剪。裁剪后的图片效果如图 2-19 所示。

图 2-18　调整裁剪方向

图 2-19　裁剪后的图片

2.3　选择图像

在 Photoshop 中，使用最多的就是选择工具。选择工具主要有矩形选框工具、椭圆选框工具、单行/单列选框工具以及套索工具等，使用这几种选择工具都通过创建选区来选择图像。下面就来了解一下这几种工具的使用方法和相关设置。

1. 矩形选框工具和椭圆选框工具

使用矩形选框工具 ▦ 和椭圆选框工具 ◯ 可以创建外形为矩形和椭圆形的规则选区。选择该工具，在工具属性栏中设置好参数并将鼠标指针移动到图像窗口中，再按住鼠标左键进行拖动，创建一个矩形选区，最后释放鼠标即可，如图 2-20 和图 2-21 所示。

矩形选框工具和椭圆形选框工具的工具属性栏用法相同，下面以矩形选框工具属性栏为例来做详细介绍。绘制选区后，其属性栏如图 2-22 所示，在其中可以对选区进行添加选区、减少选区和交叉选区等各项操作。

图 2-20　创建矩形选区

图 2-21　创建椭圆形选区

图 2-22　矩形选框工具属性栏

矩形选框工具属性栏的各项含义如下：

- 按钮组：该组按钮主要用于控制选区的创建方式，选择不同的按钮将进入不同的创建类型，表示创建新选区，表示添加到选区，表示从选区减去，表示与选区交叉。
- 消除锯齿：用于消除选区锯齿边缘，该复选框只有在选取了椭圆选框工具后才可用。
- 调整边缘：单击该按钮可以在打开的"调整边缘"对话框中定义边缘的半径、对比度和羽化程度等。
- "羽化"文本框：该选项可以使选区边缘产生渐变过渡，当填充选区后即可达到柔化选区边缘图像的目的。取值范围为 0～255 像素，数值越大，像素化的过渡边界就越宽，柔化效果也就越明显。
- "样式"下拉列表：用于设置选区的形状。在其下拉列表框中有"正常""固定长宽比"和"固定大小"三个选项。其中，"正常"为系统默认设置，可创建不同大小和形状的选区；"固定长宽比"用于设置选区宽度和高度之间的比例，以使创建后的选区长宽比与设置保持一致；"固定大小"选项用于锁定选区大小，可在"宽度"和"高度"文本框中输入具体的数值。

2. 单行 / 单列选框工具

使用单行选框工具或单列选框工具可以在图像窗口中绘制一个像素宽度的水平或垂直选区，并且绘制的选区长度会随着图像窗口的尺寸变化。这两个工具常用来制作网格图像。

3. 套索工具

使用套索工具可以手动创建不规则选区，所以一般都不用精确定制选区。将鼠标放到要选取的图像起始点，然后按住鼠标左键不放沿图像的轮廓移动鼠标指针，如图 2-23 所示，回到起点后释放鼠标，绘制的套索线将自动闭合成为选区，如图 2-24 所示。

图 2-23　按住鼠标拖动　　　　　　　图 2-24　获取选区

4. 多边形套索工具

使用多边形套索工具 可以通过拖动鼠标制定直线形的多边形选区，用户可以通过该工具轻松地绘制出图像选区。在图像中单击作为创建选区的起始点，然后拖动鼠标再次单击，以创建选区中的其他点，如图 2-25 所示。最后将鼠标移动到起始点处，当鼠标指针变成 形态时单击即生成最终的选区，如图 2-26 所示。

图 2-25　创建多边形选区　　　　　　图 2-26　得到选区

5. 磁性套索工具

使用磁性套索工具 可以轻松绘制出外边框很复杂的图像选区，它可以在图形颜色与背景颜色反差较大的区域创建选区。选择工具箱中的磁性套索工具，按住鼠标左键不放沿图像的轮廓拖动鼠标指针，鼠标经过的地方会自动产生节点，并且自动捕捉图像中对比度较大的图像边界，如图 2-27 所示。当到达起始点时单击鼠标即可得到一个封闭的选区，如图 2-28 所示。

图 2-27　沿图像边缘创建选区　　　　图 2-28　得到选区

2.4 调整图像颜色

在图像处理过程中很多时候需要进行色调调整，当用户在一幅效果图中添加另一个图像时，则需要将两幅图像的色调调整一致。通过对图像色调调整可以提高图像的清晰度，使图像看上去更加生动。下面将介绍几种常用的调整图像颜色命令。

1. 调整色阶

"色阶"命令主要用来调整图像中颜色的明暗度，能对图像的阴影、中间调和高光的强度做调整。该命令不仅可以对整个图像进行操作，还可以对图像的某一选取范围、某一图层图像，或者某一个颜色通道进行操作。

打开图像"素材 / 第 2 章 /2.4/ 拿玫瑰的小女孩 .jpg"，如图 2-29 所示。选择"图像"→"调整"→"色阶"命令，打开"色阶"对话框，在该对话框中可以设置图像的阴影色调、中间色调和高光色调，如图 2-30 所示。

图 2-29　打开素材图像

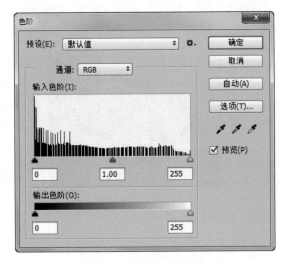

图 2-30　"色阶"对话框

"色阶"对话框中各选项的含义如下：

- "通道"下拉列表框：用于设置要调整的颜色通道。它包括了图像的色彩模式和原色通道，用于选择需要调整的颜色通道。
- "输入色阶"文本框：从左至右分别用于设置图像的阴影色调、中间色调和高光色调，可以在文本框中直接输入相应的数值，也可以拖动色调直方图底部滑条上的三个滑块进行调整。向右拖动滑块，图像中阴影部分会变得更暗，如图 2-31 所示；向左拖动滑块，图像中亮的部分会变亮，如图 2-32 所示；单独拖动中间的滑块也是同样的道理。
- "输出色阶"文本框：用于调整图像的亮度和对比度，范围为 0 ~ 255。右边的编辑框用来降低亮部的亮度，范围为 0 ~ 255。
- "自动"按钮：单击该按钮可自动调整图像中的整体色调。
- "选项"按钮：单击该按钮将打开"自动颜色校正选项"对话框，可以设置暗调、中间值的切换颜色，以及设置自动颜色校正的算法。

图 2-31 使图像变暗

图 2-32 使图像变亮

- 吸管工具组：使用黑色吸管工具 ✎ 单击图像，可使图像变暗；使用中间色调吸管工具 ✎ 单击图像，将用吸管单击处的像素亮度来调整图像所有像素的亮度；使用白色吸管工具 ✎ 单击图像，图像上所有像素的亮度值都会加上该吸取色的亮度值，使图像变亮。
- 预览：选中该复选框，在图像窗口中可以预览图像调整后的效果。

2. 调整曲线

"曲线"命令在图像色彩的调整中使用得非常广，它可以对图像的色彩、亮度和对比度进行综合调整，并且在从暗调到高光这个色调范围内可以对多个不同的点进行调整。

打开图像"素材 / 第 2 章 /2.4/ 风景 .jpg"，如图 2-33 所示。选择"图像"→"调整"→"曲线"命令，打开"曲线"对话框，如图 2-34 所示。

图 2-33 打开素材图像

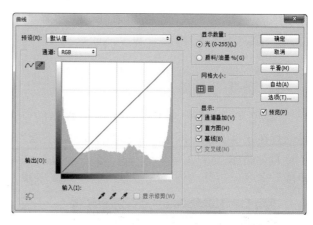

图 2-34 "曲线"对话框

"曲线"对话框中各选项的含义如下：

- "通道"下拉列表框：用于显示当前图像文件的色彩模式，并可从中选取单色通道对单一的色彩进行调整。
- "输入"文本框：用于显示原来图像的亮度值，与色调曲线的水平轴相同。

- "输出"文本框：用于显示图像处理后的亮度值，与色调曲线的垂直轴相同。
- ～按钮：系统默认的曲线工具，用来在图表中各处制造节点而产生色调曲线。
- ✐按钮：铅笔工具，用来随意在图表上画出需要的色调曲线。选中该按钮，当鼠标变成画笔后，可用画笔徒手绘制色调曲线。
- 曲线图：在曲线上方"高光色调"处单击鼠标创建一个节点，然后按住鼠标将其向上拖动，可以提亮图像色调；在曲线下方"阴影色调"处单击鼠标创建一个节点向下方进行拖动，可以降低图像亮度；在曲线中间的"中间色调"处单击鼠标创建一个节点向下方进行拖动，可以平衡图像明暗度，如图2-35所示。得到的图像效果如图2-36所示。

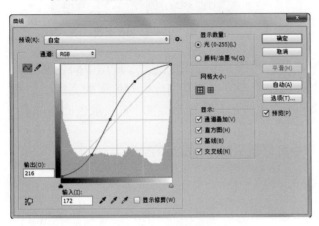
图 2-35　调整曲线

图 2-36　图像效果

技巧提示：

　　调整曲线时，可以在曲线上添加多个调节点来综合调整图像的效果。当调节点不需要时，选择该节点并按下 Del 键，或将其拖至曲线外即可删除该调节点。

3. 调整曝光度

　　"曝光度"命令主要用于调整 HDR 图像的色调，也可用于 8 位和 16 位图像。"曝光度"是通过在线性颜色空间（灰度系数 1.0）而不是当前颜色空间执行计算而得出的。

　　打开图像"素材 / 第 2 章 /2.4/ 薰衣草 .jpg"，如图 2-37 所示。选择"图像"→"调整"→"曝光度"命令，打开"曝光度"对话框，如图 2-38 所示。

图 2-37　打开素材图像

图 2-38　"曝光度"对话框

"曝光度"对话框中各选项的含义如下：

- "预设"下拉列表框：该下拉列表框中有 Photoshop 默认的几种设置，用户可以进行简单的图像调整，如图 2-39 所示。
- "曝光度"栏：用于调整色调范围的高光端，对极限阴影的影响很轻微。
- "位移"栏：用于调整阴影和中间调变暗，对高光的影响很轻微。
- "灰度系数校正"栏：使用简单的乘方函数调整图像灰度系数。处于负值时会被视为它们的相应正值，也就是说，虽然这些值为负，但仍然会像正值一样被调整，如图 2-40 所示。

图 2-39　"预设"下拉列表框

图 2-40　调整参数

4. 调整色彩平衡

"色彩平衡"命令可以增加或减少图像中的颜色，从而调整图像的色彩平衡。该命令常用于调整图像中出现的偏色情况。

打开图像"素材 / 第 2 章 /2.4/ 海边 .jpg"，如图 2-41 所示。选择"图像"→"调整"→"色彩平衡"命令，打开"色彩平衡"对话框，如图 2-42 所示。

图 2-41　打开素材图像

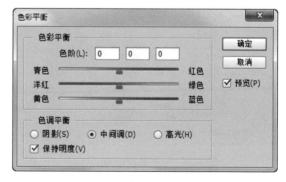

图 2-42　"色彩平衡"对话框

"色彩平衡"对话框中各选项的含义如下：

- "色彩平衡"选项区域：用于在"阴影""中间调"或"高光"中添加过渡色来平衡色彩效果，也可直接在色阶文本框中输入相应的值来调整颜色均衡。如拖动三角形滑块，为海边素材图像添加红色和黄色调，如图 2-43 所示，可以得到夕阳漫天的

图像效果，如图 2-44 所示。

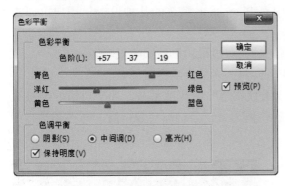

图 2-43　调整颜色

图 2-44　图像效果

- "色调平衡"选项区域：用于选择用户需要着重进行调整的色彩范围，有"阴影""中间调"和"高光"三个单选按钮，选中某一单选按钮就会对相应色调的像素进行调整。
- "保持明度"复选框：选中该复选框，在调整图像色彩时可以使图像亮度保持不变。

5. 调整色相 / 饱和度

"色相 / 饱和度"命令可以调整图像整体或单个颜色的色相、饱和度和亮度，从而实现图像色彩的改变。当用户在图像中绘制某一选区后，使用"色相 / 饱和度"命令则只对选区内的图像进行调整，这一局部色彩调整的方法也同样适用于其他色彩调整命令。

打开图像"素材 / 第 2 章 /2.4/ 老年人 .jpg"，如图 2-45 所示。选择"图像"→"调整"→"色相 / 饱和度"命令，打开"色相 / 饱和度"对话框，如图 2-46 所示。

图 2-45　打开素材图像

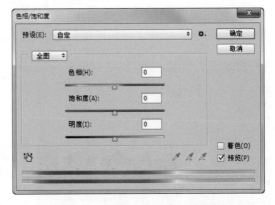

图 2-46　"色相 / 饱和度"对话框

"色相 / 饱和度"对话框中各选项的含义如下：

- 全图：单击其右侧的三角形按钮，在其下拉列表框中可以选择作用范围，系统默认选择"全图"，即对图像中的所有颜色有效。也可在该下拉列表框中选择对单个的颜色有效，有红色、黄色、绿色、青色、蓝色或洋红。以选择"全图"为例，调整"色相"和"饱和度"等参数，分别有不同的效果，如图 2-47 ～图 2-52 所示。

图 2-47 调整为冷色调

图 2-48 调整为暖色调

图 2-49 增加图像饱和度

图 2-50 减低图像饱和度

图 2-51 增加图像明度

图 2-52 减低图像明度

- 色相：通过拖动滑块或输入色相值，可以调整图像中的色相。
- 饱和度：通过拖动滑块或输入饱和值，可以调整图像中的饱和度。
- 明度：通过拖动滑块或输入明度值，可以调整图像中的明度。
- 着色：选中该复选框，可使用同一种颜色来置换原图像中的颜色，拖动"色相"滑块可以选择不同的单色。

6. "反相"命令

"反相"命令能够将图像中的颜色信息反转，创建彩色负片效果，如将图像首先转为黑白图像，还可以制作成黑白底片效果。

使用该命令可以创建边缘蒙版，以便向图像的选定区域应用锐化和其他调整。当再次使用该命令时即可还原图像颜色，如图2-53所示。使用反相调整图像的效果如图2-54所示。

图2-53　原图

图2-54　反相图像

7. "渐变映射"命令

"渐变映射"命令可以将图像转换为灰度，再用设定的渐变色替换图像中的各级灰度。如果设置为双色渐变，图像中的阴影就会映射到渐变填充的一个端点颜色，中间调映射为两个端点颜色直接的渐变。

选择"图像"→"调整"→"渐变映射"命令，打开"渐变映射"对话框，如图2-55所示。

图2-55　"渐变映射"对话框

"渐变映射"对话框中各选项的含义如下：

- "灰度映射所用的渐变"选择器：单击渐变色条右侧的三角形按钮，在弹出的下拉面板中可以选择一种预设渐变样式，如图2-56所示。也可以单击中间的渐变颜色框，打开"渐变编辑器"对话框来编辑所需的渐变颜色，如设置为粉红色到白色，得到的图像效果如图2-57所示。

图2-56　选择渐变样式

图2-57　渐变映射效果

- "仿色"复选框：选中该复选框，图像将实现抖动渐变。
- "反向"复选框：选中该复选框，图像将实现反转渐变。

8. "阈值"命令

"阈值"命令可以将一个彩色或灰度图像变成只有黑白两种色调的黑白图像，在0～255的亮度值中，以中间值128为基准，数值越小，颜色越接近白色；数值越大，颜色越接近黑色。这种效果适合用来制作版画。

打开需要处理的图像，选择"图像"→"调整"→"阈值"命令，设置"阈值色阶"为107的图像效果如图2-58所示，设置"阈值色阶"为138的图像效果如图2-59所示。

图2-58　设置参数较低

图2-59　设置参数较高

2.5　使用图层

图层用来装载各种各样的图像，它是图像的载体。在Photoshop中，一个图像通常都是由若干个图层组成，如果没有图层，就没有图像存在。

1. 图层基本概念

图层是Photoshop最为核心的功能之一，在学习图层的使用前，首先了解与图层相关的基本概念。

1）图层

图层是创作各种合成效果的重要途径，可以将不同的图像放在不同的图层上进行独立操作而对其他图层没有影响。默认情况下，图层中灰白相间的方格表示该区域没有像素，能保存透明区域是图层的特点。图2-60所示背景图像为透明区域，由灰白相间的方格表示。

2）图层蒙版

可以简单地理解为附加在图像上的一张纸。若这张纸完

图2-60　背景图像透明

全透明（蒙版为黑色），下面的图像显示出来；若纸不完全透明（蒙版为不同程度的灰色），按纸的透明比例显示图像；若纸完全不透明（蒙版为白色），下面的图像不显示。蒙版相当于一个8位灰阶的Alpha通道。对于蒙版层而言，蒙版图像中的黑色图像不显示；蒙版

中的白色图像全部显示；不同程度的灰度图像透明显示。

3）填充图层

它是采用填充的图层制造出特殊效果，填充图层共有三种形式：纯色填充图层、渐变填充图层和图案填充图层。

4）调整图层

调整图层对于图像的色彩调整非常有帮助。直接使用色彩调整后的图像在存储后不能再恢复到以前的色彩状况，而调整图层的引入解决了这一问题。可以使用调整图层进行各种色彩调整，调节的效果对所有调整图层下面的图像图层都起作用。调整图层还同时具有图层的大多数功能，包括不透明度、色彩模式及图层蒙版等。图 2-61 为添加调整图层后的"图层"面板。

5）图层样式

图层样式是一种在图层中应用的投影、发光、斜面、

图 2-61　"图层"面板中的调整图层

浮雕和其他效果的快捷方式，可以将图层效果保存为图层样式以便重复使用。一旦应用图层效果，当改变了图层内容时，这些效果也会自动更新。

以上 5 个关于图层的概念中，图层蒙版对于图像的合成非常有帮助。图层与图层之间还可以设置不同的图像作用模式，并可以进行链接和建立裁切关系等，所有这些都大大提高了图像编辑的效率，使 Photoshop 使用起来更加得心应手。

2. "图层"面板

在 Photoshop 中，默认情况下"图层"面板位于工作界面的右侧，主要用于存储、创建、复制或删除等图层管理工作。打开一个有多个图层的图像，如图 2-62 所示，其对应的"图层"面板如图 2-63 所示。

图 2-62　素材图像

图 2-63　"图层"面板

在"图层"面板中可以看到，最底部有一个锁定的图层，称为背景图层，其右侧有一个锁形图标，表示它被锁定，不能进行移动、更名等操作，而其他图层位于背景图层之上，

可以进行任意移动或更名等常用操作。图层的最初名称由系统自动生成，也可根据需要将其指定成另外的名称，以便于管理。

如果要对图层重命名操作，可直接在图层名称上双击鼠标左键，此时图层名称呈可编辑状态，如图2-64所示。输入所需的名称后，单击其他任意位置即可完成重命名图层的操作，如图2-65所示。

图 2-64　图层名称呈可编辑状态

图 2-65　重命名后的图层名

3. 创建新图层

新建图层是指在"图层"面板中创建一个新的空白图层，并且新建的图层位于所选择图层的上方。创建图层之前，首先要新建或打开一个图像文档，便可以通过"图层"面板快速创建新图层，也可以通过菜单命令来创建新图层。

创建新图层有两种方式：

（1）通过"图层"面板创建图层。单击"图层"面板底部的"创建新图层"按钮 🔲，可以快速创建具有默认名称的新图层，图层名依次为"图层 1、图层 2、图层 3、…"。由于新建的图层没有像素，所以呈透明显示。

（2）通过菜单命令创建图层。选择"图层"→"新建"→"图层"命令创建新的图层，如图 2-66 所示。不但可以在"图层"面板中设置图层颜色，还可以设置图层混合模式、不透明度和名称，如图 2-67 所示。

图 2-66　"图层"菜单

图 2-67 "新建图层"对话框

4. 复制和删除图层

复制图层就是为一个已存在的图层创建副本，从而得到一个相同的图像，用户可以再对图层副本进行相关操作。用户可以通过以下三种方法对图层 1 进行复制。

（1）选择需要复制的图层，选择"图层"→"复制图层"命令，打开"复制图层"对话框，保持对话框中的默认设置，单击"确定"按钮即可得到复制的图层，如图 2-68 所示。

（2）选择移动工具，将鼠标放到需要复制的图像中，当鼠标变成双箭头状态时按住 Alt 键进行拖动即可移动复制图像，并且得到复制的图层。

（3）在图层"面板中将需要复制的图层直接拖动到下方"创建新图层"按钮中，可以直接复制图层，如图 2-69 所示。

图 2-68 "复制图层"对话框

图 2-69 复制图层

对于不需要的图层，用户可以使用菜单命令删除图层或通过"图层"面板删除图层，删除图层后该图层中的图像也将被删除。

（1）通过菜单命令删除图层。在"图层"面板中选择要删除的图层，然后选择"图层"→"删除"→"图层"命令，即可删除选择的图层。

（2）通过"图层"面板删除图层。在"图层"面板中选择要删除的图层，然后单击"图层"面板底部的"删除图层"按钮即可删除选择的图层。

5. 调整图层顺序

图层在 Photoshop 中是按类似堆栈的形式放置，先建立的图层在下，后建立的图层在上。图层的叠放顺序会直接影响图像显示的效果。上面的图层总是会遮盖下面的图层，可以通过改变图层顺序的方式来编辑图像效果。

选取要移动的图层，选择"图层"→"排列"命令，从打开的子菜单中选择一个需要的命令，如图 2-70 所示。

- 置为顶层：将当前正在编辑的活动图层移动到最顶部。
- 前移一层：将当前正在编辑的活动图层向上移动一层。
- 后移一层：将当前正在编辑的活动图层向下移动一层。
- 置为底层：将当前正在编辑的活动图层移动到最底部。

图 2-70　"排列"子菜单

6. 图层混合模式

图层混合模式是当图像叠加时，上面图层图像与下面图层图像的像素进行混合，从而得到另外一种图像效果。Photoshop 提供了二十多种不同的色彩混合模式方式，不同的色彩混合模式可以产生不同的效果。

单击"图层"面板 正常 右侧的三角形按钮，在弹出的菜单中可以进行各种模式的混合，如图 2-71 所示。用户可以查看每一种混合模式的效果，以便于今后的灵活运用。

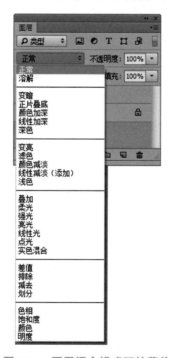

图 2-71　图层混合模式下拉菜单

2.6　为图像应用蒙版

蒙版是一种专用的选区处理技术，用户通过蒙版可以选择或者隔离图像，在图像处理时可屏蔽和保护一些重要的图像区域不受编辑和加工的影响。当对图像的其余区域进行颜色变化、滤镜效果和其他效果处理时，被蒙版蒙住的区域不会发生改变。当选中【通道】面板中的蒙版通道时，前景色和背景色以灰度显示。

蒙版是一种 256 色的灰度图像，它作为 8 位灰度通道存放在图层或通道中，用户可以

使用绘图编辑工具对它进行修改。此外，蒙版还可以将选区存储为 Alpha 通道。

Photoshop 提供了三种建立蒙版的方法：

（1）使用 Alpha 通道来存储选区和载入选区，以作为蒙版的选择范围，如图 2-72 所示。

（2）使用工具箱中提供的快速蒙版模式对图像建立一个暂时的蒙版，以方便对图像进行快速修饰。

（3）在图层上添加某图层蒙版，"图层"面板中将以蒙版状态显示，如图 2-73 所示。

图 2-72　通道中的蒙版

图 2-73　图层蒙版

2.7　使用插件 Camera Raw

Camera Raw 是 Photoshop 中的一个增效工具，也是较为常用的 RAW 格式照片处理软件之一，它具有操作简单、运行速度快等诸多优点。它可以调整图像的颜色，包括白平衡、曝光度、色调和饱和度，对图像进行锐化处理、减少杂色、纠正镜头问题等。

要使用 Camera Raw 处理图像，首先需要打开该对话框。在 Photoshop 中打开需要处理的图像，选择"滤镜"→"Camera Raw 滤镜"命令即可打开 Camera Raw 对话框，如图 2-74 所示。

图 2-74　Camera Raw 对话框

设计点评：

RAW 格式照片无损地记录了数码相机传感器采集到的原始信息，可以通过后期处理回复照片的原色彩。这种格式的图像保留了原始图片的锐化、对比度、饱和度、白平衡等信息，通过后期处理，摄影师能够最大限度地发挥自己的艺术才华，创建出色的照片。与 JPGE 格式的图片相比，它具有自己独特的优势。

1. 修复照片中的瑕疵

最优秀的摄影师拍摄的照片也或多或少会有一些缺陷，对 RAW 格式中的瑕疵也可以在 Camera Raw 对话框中进行修复。使用工具箱中的污点工具、红眼去除工具等都可以对图像进行修复。

2. 调整照片的光影、色彩

如果对拍摄的照片色彩不太满意，可以使用 Camera Raw 对话框右侧的选项卡进行调整，使图像呈现最赏心悦目的状态，而光晕和色彩的调整正是 Camera Raw 的核心功能。

在对话框右侧选项卡上有一排按钮，选择不同的按钮可以得到不同的选项卡，进行不同的色调调整，如图 2-75～图 2-82 所示。

图 2-75　基本选项卡

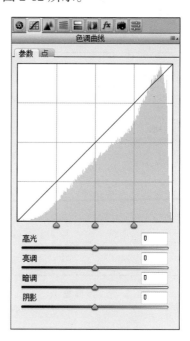

图 2-76　色调曲线

图 2-77　细节

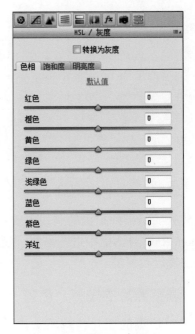

图 2-78　HSL/ 灰度

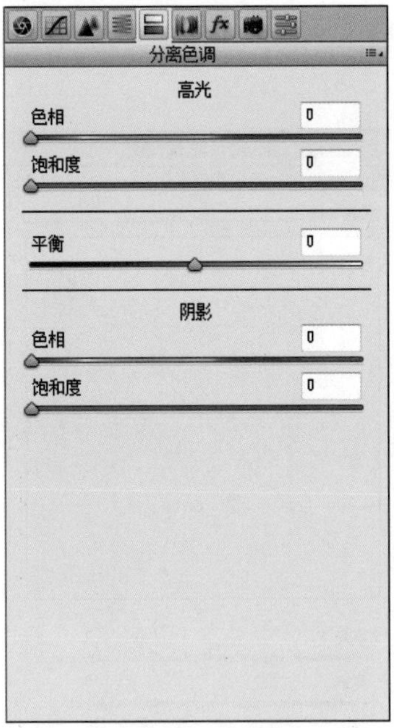

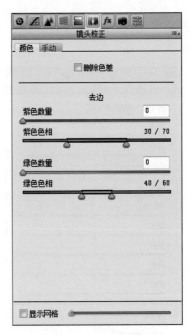

图 2-79　分离色调

图 2-80　镜头校正

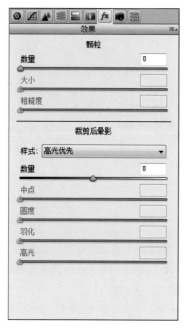

图 2-81　效果

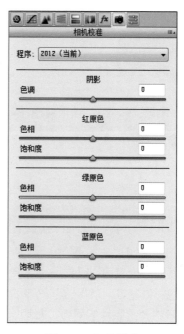

图 2-82　相机校准

3. 存储 RAW 格式照片

RAW 格式照片处理的最后一步操作就是存储照片。在 Camera Raw 中单击窗口左下角的"确定"按钮返回到 Photoshop 窗口中，选择"文件"→"存储"命令即可完成照片的存储。

第3章 照片的基础处理

【照片的必要调整操作】

在拍摄的照片中，常常会因为照片的尺寸、颜色等效果不佳而影响照片质量。在处理这些问题时，通常可以通过一些简单的操作来修复照片，例如对照片进行翻转、裁切、缩放或是色彩调整等。掌握这些简单的操作能更加方便快捷地处理照片。

本章将介绍照片的翻转、裁切、缩放操作，以及对照片颜色的调整，包括调整曝光不足或曝光过度的照片、将阴雨天变成艳阳天等。

【本章实例展示】

3.1　修正倾斜的照片

在拍摄照片时，往往会因为相机没有保持水平或垂直状态而让照片倾斜，这样倾斜的水平线或垂直线会打破照片的平衡感，从而破坏照片的美感。

本实例将通过几个简单的步骤来修正倾斜的照片，效果对比如图 3-1 和图 3-2 所示。

图 3-1　原图　　　　　　　　　　　图 3-2　修正后的效果

设计构思：

本实例将修正倾斜的照片。下面将分两个步骤介绍本实例的设计构思，包括图像的测量方式、图像的裁剪等，如图 3-3 所示。

1 普通人经常用手机拍照，但由于拍摄角度的问题，有些照片会出现倾斜的现象，修饰照片时首先应通过测量线来找到正确的倾斜角度。

2 找准倾斜角度，在图像中旋转裁剪框，这样裁剪出来的照片将自动修正图像倾斜效果，得到正确的图像。

图 3-3　本实例的设计构思

素材路径	光盘 / 素材 / 第 3 章 /3.1	实例路径	光盘 / 实例 / 第 3 章

本实例的具体操作步骤如下。

（1）按下 Ctrl+O 组合键，在弹出的对话框中打开图像"素材 / 第 3 章 /3.1/ 街景 .jpg"，如图 3-4 所示，可以看出照片中的景色明显向左倾斜。

（2）选择工具箱中的标尺工具 █ 测量倾斜的程度。以柱子倾斜的角度作为测量的依据，单击黑色柱子顶部，按住鼠标左键不放，沿着柱子向下拖动到柱子底部后松开鼠标，得到测量线，如图 3-5 所示。

图 3-4　打开素材图像

图 3-5　测量图像

（3）选择"图像"→"图像旋转"→"任意角度"命令，打开"旋转画布"对话框，系统会根据标尺工具的测量结果自动在对话框中显示旋转的角度和方向，如图 3-6 所示。

（4）单击"确定"按钮，得到旋转后的图像，这时可以看到图像四周出现多余的白边，如图 3-7 所示。

图 3-6　"旋转画布"对话框

图 3-7　旋转后的图像

（5）选择工具箱中的裁剪工具，在图像中绘制一个裁剪框，如图 3-8 所示。

（6）在裁剪框中双击鼠标左键或按下 Enter 键确定裁剪，得到修正后的图像如图 3-9 所示，至此完成本实例的操作。

图 3-8　裁剪图像

图 3-9　图像效果

3.2 改变构图突出人物

摄影师在拍摄照片时会选择多个角度来拍摄，当取景不够理想时可以通过改变构图结构来修正图像，突出主体。

本实例将通过几个简单的步骤来改变构图突出人物，效果对比如图 3-10 和图 3-11 所示。

图 3-10　原图　　　　　　　　　　图 3-11　改变构图的图像

设计构思：

本实例将突出照片中的人物。下面将分两个步骤介绍本实例的设计构思，包括选择人物图像、删除图像等，如图 3-12 所示。

1 对于一些多余的背景，可以选择性的删除。　　**2** 删除周围多余的图像后，人物图像显得更加突出，画面构图也更加好看。

图 3-12　本实例的设计构思

素材路径	光盘 / 素材 / 第 3 章 /3.2	实例路径	光盘 / 实例 / 第 3 章

本实例的具体操作步骤如下：

（1）打开素材图像"素材 / 第 3 章 /3.2/ 小可爱 .jpg"，可以看到图像中的背景比较杂乱，下面将改变图像构图，以此来突出主要人物，让照片变得更加美观，如图 3-13 所示。

（2）按下 Ctrl+J 组合键复制一次背景图层，得到"图层 1"，如图 3-14 所示。

图 3-13　素材图像

图 3-14　复制图层

（3）选择背景图层，将其填充为白色，然后选择圆角矩形工具，在属性栏中选择"工具模式"为"路径"，半径为 30 像素，如图 3-15 所示。

图 3-15　设置属性栏参数

设计点评：

选择圆角矩形工具后，可以在属性栏的"半径"选项中设置圆角的大小，半径参数越大，选框的角就越圆。

（4）绘制一个圆角矩形，框选小孩图像，突出人物主体，如图 3-16 所示。按下 Ctrl+Enter 组合键将路径转换为选区，如图 3-17 所示。

图 3-16　绘制圆角矩形

图 3-17　转换为选区

（5）选择"选择"→"反选"命令反选选区，选择"图层1"，然后按下 Del 键删除选区中的图像，如图 3-18 所示。

（6）选择裁剪工具绘制一个裁剪框，框选人物图像，完成本实例的操作，如图 3-19 所示。

图 3-18 删除图像

图 3-19 裁剪图像

3.3 虚化杂乱的背景

拍摄的照片往往会有很多杂乱的背景。可以将杂乱的背景进行虚化，这样能够让整个画面变得简洁、干净。

本实例将通过几个简单的步骤来虚化杂乱的背景，效果对比如图 3-20 和图 3-21 所示。

图 3-20 原图

图 3-21 虚化背景后的图像

设计构思：

本实例将虚化背景中较为杂乱的图像。下面将分两个步骤介绍本实例的设计构思，包括使用"光圈模糊"和"倾斜偏移"滤镜，如图 3-22 所示。

1 由于照片中需要突出的是花朵图像，所以先使用"光圈模糊"滤镜，让图像背景得到圆形虚化效果。

2 使用"倾斜偏移"滤镜，可以让图像有前后虚化的效果，让远处的杂草图像显得模糊，才能更好地突出花朵图像。

图 3-22　本实例的设计构思

| 素材路径 | 光盘 / 素材 / 第 3 章 /3.3 | 实例路径 | 光盘 / 实例 / 第 3 章 |

本实例的具体操作步骤如下：

（1）选择"文件"→"打开"命令，打开素材图像"素材 / 第 3 章 /3.3/ 荷花 .jpg"，如图 3-23 所示。

（2）选择"调整"→"亮度 / 对比度"命令，打开"亮度 / 对比度"对话框，设置"亮度"为 50，如图 3-24 所示。

图 3-23　素材图像

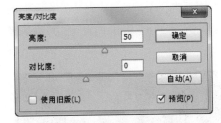

图 3-24　设置亮度参数

（3）单击"确定"按钮，得到调整亮度后的图像效果如图 3-25 所示。

（4）选择"滤镜"→"模糊画廊"→"光圈模糊"命令，打开"模糊工具"面板，设置"模糊"参数为 5 像素，然后在画面中移动光圈到左侧，调整光圈大小，如图 3-26 所示。

图 3-25　调整亮度后的图像

图 3-26　设置光圈模糊

（5）在"模糊工具"面板中选择"倾斜偏移"选项，设置倾斜偏移参数为8，如图3-27所示。然后调整图像中的偏移横线，如图3-28所示。

图3-27 调整偏移模糊参数

图3-28 调整偏移横线

（6）单击属性栏中的"确定"按钮，得到图像的模糊效果如图3-29所示。

（7）选择工具箱中的"模糊工具" ▲，在属性栏中设置画笔大小为50，涂抹除了荷花以外的其他图像，使一些清晰的背景图像显得模糊，效果如图3-30所示。

图3-29 模糊图像

图3-30 模糊背景

3.4 删除无关的人物

外出游玩拍照是为了留下美好的瞬间，但如果在照片中还有其他不认识的游客，就显得没那么理想了。

本实例将通过几个简单的步骤来删除照片中无关的人物，效果对比如图3-31和图3-32所示。

图 3-31　原图

图 3-32　清除后的效果

设计构思：

　　本实例将清除照片中无关的人物。下面将分两个步骤介绍本实例的设计构思，包括如何选择人物图像、删除图像等，如图 3-33 所示。

1 首先确定需要保留的图像，然后使用工具将多余的人物图像框起来。

2 结合修补工具和仿制图章工具的运用，复制风景图像，即可得到删除无关人物的效果。

图 3-33　本实例的设计构思

素材路径	光盘 / 素材 / 第 3 章 /3.4	实例路径	光盘 / 实例 / 第 3 章

　　本实例的具体操作步骤如下：

（1）打开素材图像"素材 / 第 3 章 /3.4/ 旅游照 .jpg"，可以看到在照片的右侧有一个人物显得多余，下面将删除右侧的人物，并让整个画面保持完整性，如图 3-34 所示。

（2）选择工具箱中的修补工具 ，在右侧多余的人物周围按住鼠标左键绘制选区，将人物整个框选起来，如图 3-35 所示。

图 3-34　打开素材图像

图 3-35　添加素材图像

（3）在修补工具的属性栏中选择"源"按钮，然后将鼠标移动到选区中，按住鼠标左键向左侧拖动，选区中的图像将自动替换成左侧的风景图像，如图 3-36 所示。

（4）松开鼠标左键，选区中的图像将自动与周围风景图像融合，按下 Ctrl+D 组合键取消选区，如图 3-37 所示。

图 3-36　拖动选区

图 3-37　复制周围的图像

（5）复制后的图像，边缘还不太自然，下面将对边缘衔接处进行处理。选择仿制图章工具 ，在属性栏中设置画笔大小为 100 像素，然后按住 Alt 键并单击图像右侧的树林图像进行取样，如图 3-38 所示。

（6）取样后，在衔接处单击复制图像，多次反复取样并复制，可以得到修复的照片效果如图 3-39 所示。

（7）使用仿制图章工具对其他衔接处不太自然的地方也进行取样复制，得到的最终效果如图 3-40 所示。

图 3-38　对图像取样　　　　图 3-39　复制图像　　　　图 3-40　完成效果

3.5　拼接全景照片

如果一幅美丽的风景不能一次性拍摄下来，则可以通过合成的方法将多次拍摄的画面拼接起来，组成一幅完美的画面。

本实例将通过几个简单的步骤来拼接全景照片，图像效果如图 3-41 所示。

图 3-41　全景拼接图

设计构思：

本实例将拼接全景图像。下面将分两个步骤介绍本实例的设计构思，包括调整图像尺寸、调整图像位置等，如图 3-42 所示。

1 拼接全景照片首先要设定一个适合的画布大小，通过"画布大小"对话框可以设置图像的宽度和高度。

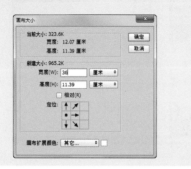

2 拼接图像时，可以适当降低图像的不透明度，这样才能更好地观察图像，对于接缝处也能做更好地调整。

图 3-42 本实例的设计构思

素材路径	光盘 / 素材 / 第 3 章 /3.5	实例路径	光盘 / 实例 / 第 3 章

本实例具体的操作步骤如下：

（1）打开素材文件"素材 / 第 3 章 /3.5/ 全景 1.jpg"，打开需要拼接的第一张照片，如图 3-43 所示。

（2）选择"图像"→"画布大小"命令，打开"画布大小"对话框，改变"宽度"为 36 厘米，在"定位"网格中将当前图像定位在画布左侧，如图 3-44 所示。

图 3-43 打开图像

图 3-44 调整画布大小

（3）单击"确定"按钮，得到调整后的画布图像如图 3-45 所示。

图 3-45 图像效果

（4）打开素材中的"全景 2.jpg"文件，使用移动工具将其拖放到调整画布后的图像文件中，得到图层 1，如图 3-46 所示。

图 3-46　拖动图像

（5）设置图层 1 的"不透明度"为 60%，然后使用移动工具调整全景 2 图像的位置，使其与背景图层的左边缘完全吻合，如图 3-47 所示。

图 3-47　重合图像

（6）回到"图层"面板中，设置图层 1 的"不透明度"为 100%，得到拼接第二张照片后的图像效果，如图 3-48 所示。

图 3-48　设置图像透明度

（7）打开素材照片"全景 3.jpg"文件，使用同样的方法将第三张照片拼合在当前文件中，完成全景照片的拼接，如图 3-49 所示。

图 3-49　拼接第三张照片

3.6　让模糊的图像变清晰

人们在拍照时，大部分都是采用手持相机的方式，这个方式往往会造成手部抖动而晃动镜头，而拍摄得到的图像也会显得有些模糊。

本实例将通过几个简单的步骤让模糊的图像变清晰，效果对比如图 3-50 和图 3-51 所示。

图 3-50　原图

图 3-51　变清晰的图像

设计构思：

本实例将让模糊的图像变得清晰。下面将分两个步骤介绍本实例的设计构思，包括选择人物轮廓、锐化图像等，如图 3-52 所示。

1 对于人物照片，只要找到人物轮廓，做一定的处理，图像将变得清晰，所以，首先使用滤镜和调整颜色命令找到清晰的人物轮廓。

2 得到人物的轮廓选区后，可以对选区中的图像做锐化和加深处理，图像自然变得清晰起来。

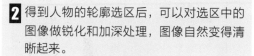

图 3-52　本实例的设计构思

素材路径	光盘 / 素材 / 第 3 章 /3.6	实例路径	光盘 / 实例 / 第 3 章

本实例具体的操作步骤如下：

（1）按下 Ctrl+O 组合键打开"素材 / 第 3 章 /3.6/ 模糊美女图 .jpg"，如图 3-53 所示，这张照片里面的图像有些模糊，下面通过通道将图像进行锐化。

图 3-53 素材照片

（2）按下 Ctrl+A 组合键全选图像，再按下 Ctrl+C 组合键复制图像，然后切换到"通道"面板中，新建 Alpha 1 通道，按下 Ctrl+V 组合键粘贴图像，这时的"通道"面板如图 3-54 所示。

（3）选择"滤镜"→"风格化"→"查找边缘"命令，得到图像清晰的边缘，如图 3-55 所示。

图 3-54 粘贴图像

图 3-55 查找边缘图像效果

（4）选择"图像"→"调整"→"色阶"命令，打开"色阶"对话框，将左边和中间的三角形滑块向右拖动，如图 3-56 所示。单击"确定"按钮，得到的图像边缘对比度更加明显，如图 3-57 所示。

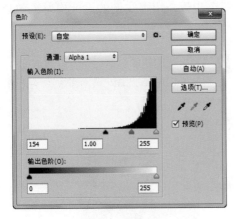

图 3-56 拖动滑块

图 3-57 图像效果（1）

（5）再次使用"色阶"命令，参照如图 3-58 所示的方式调整各参数，为图像在去除图像内部细节部分的同时保留了边缘部分，如图 3-59 所示。

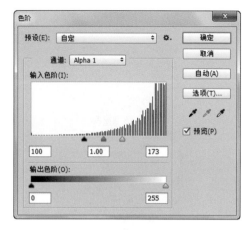

图 3-58　调整图像色阶

图 3-59　保留图像轮廓

（6）按住 Ctrl 键单击 Alpha 1 通道得到选区，然后再选择"选择"→"反选"命令得到图像轮廓选区，如图 3-60 所示。

（7）在"通道"面板中单击 RGB 通道显示彩色图像，得到清晰的图像轮廓选区如图 3-61 所示，将对其进行锐化处理。

图 3-60　反选选区

图 3-61　图像轮廓选区

（8）切换到"图层"面板，按下 Ctrl+J 组合键复制选区图像，得到图层 1，如图 3-62 所示。

（9）选择"滤镜"→"锐化"→"USM 锐化"命令，打开"USM 锐化"对话框，在其中设置各项参数，如图 3-63所示。

（10）单击"确定"按钮回到图像中，完成图像锐化效果，如图 3-64 所示。

图 3-62　复制图像

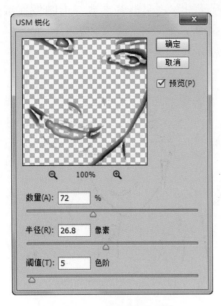

图 3-63　设置锐化参数　　　　　　　　　　　图 3-64　图像效果（2）

3.7　修正曝光不足的照片

　　摄影过程中，由于对被摄物体亮度估计不足，使感光材料上感受到的光亮度不足，就会造成照片曝光不足，整个画面显得较暗。

　　本实例将通过几个简单的步骤来修正曝光不足的照片，效果对比如图 3-65 和图 3-66 所示。

图 3-65　原图　　　　　　　　　　　　　　图 3-66　调整后的图像

设计构思：

　　本实例将修正曝光不足的照片。下面将分两个步骤介绍本实例的设计构思，包括通过曲线调整图像亮度、通过色阶调整图像亮度等，如图 3-67 所示。

1 打开"曲线"对话框，通过编辑曲线，从细节上调整图像较暗的部分，增加其亮度。

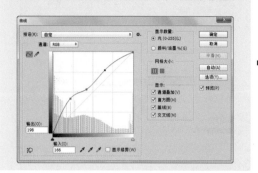

2 通过"亮度／对比度"命令，可以调整图像整体亮度和对比度。

图 3-67　本实例的设计构思

素材路径	光盘／素材／第3章／3.7	实例路径	光盘／实例／第3章

本实例具体的操作步骤如下：

（1）按下 Ctrl+O 组合键打开"素材／第 3 章 /3.7/ 小镇 .jpg"图像，如图 3-68 所示，照片中的颜色灰暗和亮度不够等情况明显是在拍摄过程中曝光不足造成的。

（2）选择"图像"→"调整"→"曲线"命令，打开"曲线"对话框，在曲线中添加三个节点，从上到下分别调整图像的整体亮度、对比度和暗部亮度，如图 3-69 所示。

图 3-68　打开照片

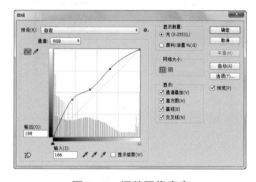

图 3-69　调整图像亮度

（3）单击"确定"按钮，得到调整后的图像效果如图 3-70 所示。

（4）选择"图像→"调整"→"色阶"命令，打开"色阶"对话框，向左拖动下面的三角形滑块，更加精细的调整图像亮度，如图 3-71 所示。

设计点评：

　　"色阶"命令主要用来调整图像中颜色的明暗度，能对图像的阴影、中间调和高光的强度做调整。这个命令不仅可以对整个图像进行操作，还可以对图像的某一选取范围、某一图层图像，或者某一个颜色通道进行操作。

图 3-70　图像效果 (1)

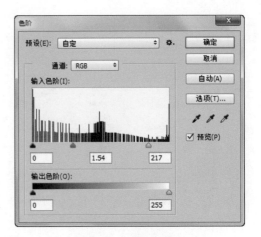

图 3-71　调整色阶

（5）单击"确定"按钮，得到调整后的图像效果如图 3-72 所示。

（6）选择"图像"→"调整"→"亮度 / 对比度"命令，打开"亮度 / 对比度"对话框，设置"亮度"为 50，"对比度"为 –50，如图 3-73 所示。

图 3-72　图像效果（2）

图 3-73　调整亮度和对比度

（7）单击"确定"按钮，得到调整后的图像效果如图 3-74 所示，完成本实例的操作。

图 3-74　完成效果

3.8　修正逆光照片

初学者往往不能掌握好光的运用，有时使用了逆光拍摄照片也不知道。对于逆光拍摄的照片，可以通过调整照片明暗度来修复它。

本实例将通过几个简单的步骤来修正曝光不足的照片，效果对比如图 3-75 和图 3-76 所示。

图 3-75　原图

图 3-76　修复后的图像

设计构思：

本实例将修正逆光的照片。下面将分两个步骤介绍本实例的设计构思，包括通过色阶调整图像亮度、设置图层属性对图像产生的影响等，如图 3-77 所示。

1 打开"色阶"对话框，调整"输入色阶"下方的三角形滑块，可以增加图像亮度和对比度。

2 通过改变图层混合模式，让画面更加清晰。

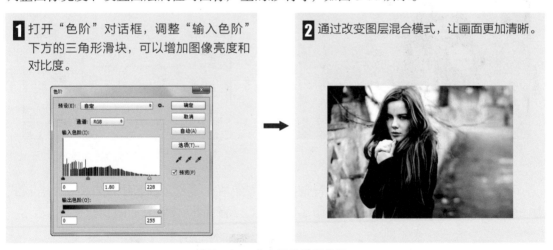

图 3-77　本实例的设计构思

素材路径	光盘 / 素材 / 第 3 章 /3.8	实例路径	光盘 / 实例 / 第 3 章

本实例具体的操作步骤如下：

（1）打开素材图像"素材 / 第 3 章 /3.8/ 清冷美女 .jpg"，可以看到照片明显有逆光效果，暗部太过黑暗，如图 3-78 所示。

（2）选择"图像"→"调整"→"色阶"命令，打开"色阶"对话框，向左拖动对话框下面的三角形滑块，增加图像的亮度，如图 3-79 所示。

图 3-78　打开素材图像

图 3-79　调整色阶

（3）单击"确定"按钮，得到调整后的图像效果，这时图像的整体亮度有了明显的提升，如图 3-80 所示。

（4）选择"图像"→"调整"→"亮度／对比度"命令，打开"亮度／对比度"对话框，设置"亮度"为 33，"对比度"为 –17，如图 3-81 所示。单击"确定"按钮，图像亮度和对比度得到适当的调整。

图 3-80　打开素材图像

图 3-81　调整亮度／对比度

（5）按下 Ctrl+J 组合键复制一次背景图层，然后在"图层"面板中设置图层混合模式为"叠加"，"不透明度"为 50%，如图 3-82 所示，得到的图像效果如图 3-83 所示。

图 3-82　设置图层混合模式

图 3-83　图像效果

3.9 夜景照片的光线处理

夜间拍摄对相机和拍摄者的技术要求都较高，对于普通家庭拍照来说，夜间照片的光线往往不足，需要后期处理。

本实例将通过几个简单的步骤来调整夜间照片的光线，效果对比如图 3-84 和图 3-85 所示。

图 3-84　原图

图 3-85　修正的图像

设计构思：

本实例将调整夜景照片中的光线效果。下面将分两个步骤介绍本实例的设计构思，包括通过调整图像整体亮度、精细调整图像颜色等，如图 3-86 所示。

1 调整图像色阶后，可以通过自动颜色命令，平衡整个画面中的色彩，让颜色协调。

2 通过"可选颜色"命令，有针对性的选择某一种颜色进行调整，做到对颜色的精细调整。

图 3-86　本实例的设计构思

素材路径	光盘 / 素材 / 第 3 章 /3.9	实例路径	光盘 / 实例 / 第 3 章

本实例具体的操作步骤如下：

（1）打开图像"素材 / 第 3 章 /3.9/ 夜景 .jpg"，可以看到由于夜晚光线偏暗的原因，照片中的景物除了彩灯外，其他都处于黑暗之中，下面就来调整夜景中的光线，如图 3-87

所示。

（2）选择"图像"→"调整"→"色阶"命令，打开"色阶"对话框，将三角形滑块向左拖动，特别是中间的滑块，可以调整图像的整体亮度，使阴影图像显得更亮，如图3-88所示。

图3-87　打开素材图像

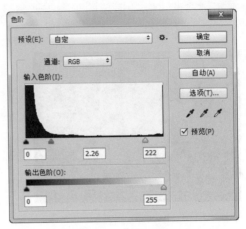

图3-88　调整色阶

（3）单击"确定"按钮，得到的图像效果如图3-89所示，照片中的光线有了明显的改变。

（4）选择"图像"→"调整"→"自动颜色"命令，系统将自动调整图像颜色，使图像饱和度更高，而且本来有些偏色的地方也会自动校正，如图3-90所示。

图3-89　图像效果（1）

图3-90　自动调整颜色

（5）选择"图像"→"调整"→"可选颜色"命令，打开"可选颜色"对话框，使用吸管工具单击人物面部图像，在对话框中的"颜色"下拉列表框中选择"青色"选项，然后调整颜色参数，如图3-91所示。

（6）在"颜色"下拉列表框中选择"蓝色"选项，调整下面的颜色参数，如图3-92所示。

（7）单击"确定"按钮，完成颜色的调整，这时可以看到人物面部图像颜色显得更加自然，如图3-93所示。

（8）选择"图像"→"调整"→"色相/饱和度"命令，打开"色相/饱和度"对话框，在中间的下拉列表框中选择"黄色"选项，然后调整"色相"参数为10，如图3-94所示。

图 3-91　调整青色

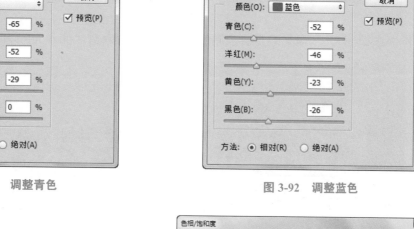

图 3-92　调整蓝色

图 3-93　图像效果（2）

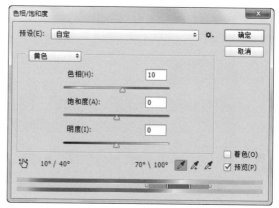

图 3-94　调整色相/饱和度

（9）单击"确定"按钮，效果如图 3-95 所示，完成本实例的制作。

图 3-95　完成效果

3.10　阴雨天变艳阳天

外出旅游都希望遇到阳光明媚的天气，如果没有这样的天气，可以通过后期处理的方式制作出来。

本实例将通过几个简单的步骤来制作出艳阳天，效果对比如图 3-96 和图 3-97 所示。

图 3-96　原图

图 3-97　图像效果

设计构思：

本实例将改变照片中的天气情况。下面将分两个步骤介绍本实例的设计构思，包括调整图像亮度、添加滤镜效果等，如图 3-98 所示。

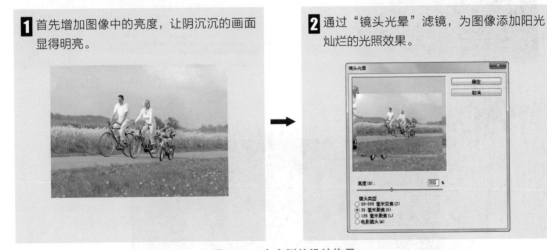

1 首先增加图像中的亮度，让阴沉沉的画面显得明亮。

2 通过"镜头光晕"滤镜，为图像添加阳光灿烂的光照效果。

图 3-98　本实例的设计构思

素材路径	光盘 / 素材 / 第 3 章 /3.10	实例路径	光盘 / 实例 / 第 3 章

本实例具体的操作步骤如下：

（1）打开素材图像"素材 / 第 3 章 /3.10/ 骑单车 .jpg"，照片处于阴天的状态，如图 3-99 所示。

（2）现在来调整一下画面的整体色调。选择"图像"→"调整"→"亮度 / 对比度"命令，打开"亮度 / 对比度"对话框，设置"亮度"为 50，"对比度"为 10，如图 3-100 所示。

图 3-99　打开素材图像

图 3-100　设置亮度 / 对比度参数

（3）单击"确定"按钮，图像亮度有了很大的提高，效果如图 3-101 所示。

（4）选择"图像"→"调整"→"色阶"命令，打开"色阶"对话框，调整下面的三角形滑块，调整图像的细节亮度，如图 3-102 所示。

图 3-101　图像效果（1）

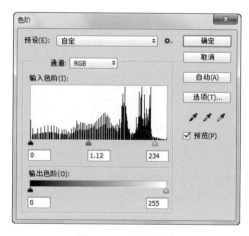

图 3-102　调整色阶

（5）单击"确定"按钮，效果如图 3-103 所示，图像已经有了艳阳天的效果。

（6）选择"图像"→"调整"→"照片滤镜"命令，打开"照片滤镜"对话框，在"滤镜"下拉列表框中选择"加温滤镜（81）"，设置"浓度"为 25，单击"确定"按钮，得到的图像效果如图 3-104 所示。

图 3-103　图像效果（2）

图 3-104　使用"照片滤镜"

（7）选择"图像"→"滤镜"→"渲染"→"镜头光晕"命令，打开"镜头光晕"对话框，设置"镜头类型"为"50-300毫米变焦"，"亮度"参数为127，如图3-105所示。

（8）单击"确定"按钮，如图3-106所示，得到添加光源的效果，完成本实例的制作。

图 3-105　添加镜头光晕

图 3-106　图像效果（3）

3.11　变换照片季节色调

你是否想过一张照片能展示两种季节呢？运用数码后期处理能够达到这种效果。

本实例将通过几个简单的步骤来变换照片中的季节色调，效果对比如图3-107和图3-108所示。

图 3-107　原图

图 3-108　变换后的图像效果

设计构思：

本实例将改变照片中的季节色调。下面将分两个步骤介绍本实例的设计构思，包括调整图像色相/饱和度、增加多种色调等，如图3-109所示。

1 调整图像中的色相和饱和度，让图像整体颜色发生变化。

2 通过"色彩平衡"命令，增加春天常见的绿色调，让季节感更加明显。

图 3-109　本实例的设计构思

素材路径	光盘 / 素材 / 第 3 章 /3.11	实例路径	光盘 / 实例 / 第 3 章

本实例具体的操作步骤如下：

（1）打开素材图像"素材 / 第 3 章 /3.11/ 秋季美景 .jpg"，可以看到这是一个秋季的风景照片，如图 3-110 所示。

（2）按下 Ctrl+J 组合键复制背景图层，得到图层 1。选择"图像"→"调整"→"色相 / 饱和度"命令，打开"色相 / 饱和度"对话框，设置"色相"为 29，"饱和度"为 –31，如图 3-111 所示。

图 3-110　打开素材图像

图 3-111　调整色相 / 饱和度

（3）单击"确定"按钮，得到调整整体色调后的图像效果如图 3-112 所示。

（4）选择"图像"→"调整"→"色彩平衡"命令，打开"色彩平衡"对话框，继续增加图像中的绿色和黄色调，如图 3-113 所示。

技巧提示：

　　使用"色彩平衡"命令可以对画面中的某一类颜色进行增加或减少，如选择增加青色，拖动三角形滑块即可增加青色，但同时图像也会自动降低红色调。

图 3-112　图像效果（1）

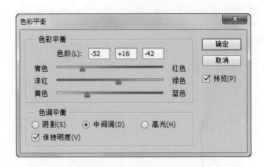

图 3-113　调整色彩平衡

（5）单击"确定"按钮，得到调整后的图像效果如图 3-114 所示。

（6）这时的照片颜色显得有些失真。选择"图像"→"自动色调"命令，图像将自动平衡画面颜色，如图 3-115 所示，完成本实例的制作。

图 3-114　图像效果（2）

图 3-115　自动色调效果

3.12　独特的单色调风格

单色调照片能够让照片具有一种独特的魅力。让一张本来就较有质感的照片变成单色调，更是锦上添花。

本实例将通过几个简单的步骤打造单色调风格图像，效果对比如图 3-116 和图 3-117 所示。

图 3-116　原图

图 3-117　调整后的图像效果

设 计 构 思 :

本实例将制作图像单色调风格。下面将分两个步骤介绍本实例的设计构思，包括制作灰度色调图像、调整单一颜色等，如图 3-118 所示。

1 单色调图像往往具有一种怀旧风格。首先将彩色图像去除颜色，才能对图像添加想要的颜色。

2 通过"色彩平衡"命令，为图像添加单一颜色，并调整图像整体亮度和对比度，让画面显得更具怀旧风格。

图 3-118　本实例的设计构思

素材路径	光盘 / 素材 / 第 3 章 /3.12	实例路径	光盘 / 实例 / 第 3 章

本实例具体的操作步骤如下：

（1）选择"文件"→"打开"命令，打开素材图像"素材 / 第 3 章 /3.12/ 提花篮 .jpg"，如图 3-119 所示。

（2）选择"图像"→"调整"→"去色"命令，将图像直接去掉颜色，得到黑白图像效果，如图 3-120 所示。

图 3-119　打开素材图像　　　图 3-120　去除图像颜色

（3）选择"图像"→"调整"→"色彩平衡"命令，打开"色彩平衡"对话框，调整其中的参数或拖动三角形滑块，颜色可以根据自己的喜好进行调整，如图 3-121 所示。

（4）单击"确定"按钮，得到偏紫色的单色图像，如图 3-122 所示。

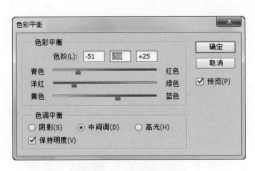

图 3-121　为图像上色

图 3-122　图像效果（1）

（5）选择"图像"→"调整"→"亮度／对比度"命令，打开"亮度／对比度"对话框，增加图像亮度和对比度，如图 3-123 所示。

（6）单击"确定"按钮，得到调整后的图像如图 3-124 所示，完成本实例的制作。

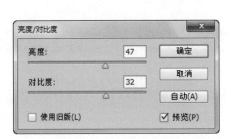

图 3-123　调整亮度和对比度

图 3-124　图像效果（2）

第 2 部分

专业魔法秀

第 4 章　照片中的字体美化

【字体美化的意义】

在视觉设计领域中，两种最大的构成要素就是字体和图片。人类文化的重要组成部分是字体设计，会直接影响版面的视觉传达效果的是字体设计排列组合的好坏。因此，字体设计是增强视觉传达效果，提高作品的诉求力，赋予版面美感的一种重要构成技术。

对于拍摄的照片来说，外景照片更适合添加字体美化版面，从而突出照片的主题、风格和个性特征。而内景照片则更适合添加一些素材元素，因为外景照片本身拍摄时取景会多样化，过多地添加元素反而会使照片显得杂乱，采用一些字体来做美化设计，则能令拍摄主题更明确。而内景照片的光线、场景和风格都更易于把控，一些元素的添加能够起到锦上添花的作用。

【本章实例展示】

4.1 文字在图像中的艺术运用

1. 字体添加有章可循

给图片添加字体设计前，首先要读懂将要设计的照片，这是最重要的，然后根据照片本身的风格、主题、色彩、色调等，添加搭配各种不同形态、形式、寓意、感觉的文字。

- 文字是用来烘托拍摄主题、美化图片视觉的，因此要图片风格相吻合，突出照片的特色和个性美。
- 版面设计上要有主次关系，不能过于模式化，也不能干扰图片中的其他元素。
- 设计上要有创意，且具备较强的艺术表现力。
- 字体用色、排放方式不宜花哨，使用多种字体编排时要把握好排放的层次。

文字排版样式如图 4-1 所示。

2. 日系风格文字的添加和设计

给日系风格照片添加文字，目的很明确，想让日系照片的风格更加突出，提升照片的表现力，如图 4-2 所示。添加日文字体前应能够了解、认识和读懂添加字体的意思，不能张冠李戴，表达与图片不相符的语境。

图 4-1 文字排版样式

图 4-2 部分日系文字参考

1）添加字体的特点

自然与随性并重。目前比较流行的日系写真片的创作偏于生活化，带有一定的随意性。

2）可爱清新的元素

日系风格照片多偏向于可爱清新范儿，在生活中可以多看一些日系的杂志。设计时可添加一些色彩条、铅笔画，卡哇伊风格的小图案，为日系写真照片增添一些生活化的元素。

3. 旅拍风格的字体添加和设计

一般来说，旅拍摄影包括的内容主要有旅游、拍摄、爱情，风格上比较随性、自由、无拘无束，所以在设计添加文字时，无论是杂志感觉的还是手写体，都要大胆放开去设计，如图4-3所示。

1）字体的形式感

重点突出和烘托照片的风格，会有意识地注入一些带有浪漫性质、自由、随性风格的元素。

2）与旅行相关的特色元素

旅行中会出现的交通工具或者和旅行相关的一些图案都可以成为设计元素，还有就是结合旅行所在地的特有元素加以设计。

图4-3　旅拍照片

4.2　休息驿站

作为一项视觉元素，文字比单纯意义上的图形、色彩更具有说服力。旅行中拍摄的照片更具有意义，而对于一张本身质量和构图就很好的照片，适当地调整色调后，再添加一些文字，能够更好地美化照片。

本实例制作的是一个人物在街边休息的照片，实例展示效果如图4-4所示。

图4-4　实例效果

设计构思：

本实例主要是为旅行中拍摄的照片添加文字。下面将分4个步骤介绍本实例的设计构思，包括图像整体色调、文字的添加方式、画面整体平衡感等，如图4-5所示。

1 由于原图在亮度和色调上都有些欠缺，所以第一步需要处理的就是增加图像亮度和调整色调。

2 为了让文字与图像有所区分，特意在图像中绘制一个透明的矩形，然后在其中输入文字，这样才能更好地突出文字，而又不影响整个画面。

3 白色的透明矩形和白色的文字，是不是觉得有些不明显呢？所以为文字添加一些投影是非常有必要的。

4 观察整个画面会发现，右上方较为空旷，所以添加了一些文字，让版面显得更加平衡。

图 4-5　本实例的设计构思

素材路径	光盘 / 素材 / 第 4 章 /4.2	实例路径	光盘 / 实例 / 第 4 章

本实例具体的操作步骤如下：

（1）打开图像"素材 / 第 4 章 /4.2/ 清新美女 .jpg"，可以看到该图像亮度偏暗，饱和度也很低，选择"图层"→"新建调整图层"→"亮度 / 对比度"命令，进入"属性"面板，增加图像亮度和对比度，如图 4-6 所示，得到的图像效果如图 4-7 所示。

（2）单击"图层"面板底部的"创建新的填充或调整图层"按钮，在弹出的菜单中选择"自然饱和度"命令，如图 4-8 所示。

（3）在"属性"面板中设置参数分别为 35 和 26，如图 4-9 所示。

图 4-6　调整图像亮度和对比度

图 4-7　图像效果　　　　　　图 4-8　选择调整图层　　　　　　图 4-9　调整图像饱和度

（4）在"图层"面板中再添加一个调整图层"色彩平衡"，设置参数分别为 24，10，15，如图 4-10 所示，得到的图像效果如图 4-11 所示。

（5）新建一个图层，选择矩形选框工具在画面下方绘制一个矩形选区，填充为白色，并设置该图层的不透明度为 50%，得到的图像效果如图 4-12 所示。

图 4-10　选择调整图层　　　　　图 4-11　调整图像饱和度　　　　　图 4-12　绘制透明矩形

（6）选择横排文字工具在透明矩形中输入英文文字，在属性栏中设置字体为 Bagad Bold Tryout，填充为白色，适当调整文字大小，放到矩形中间，如图 4-13 所示。

（7）选择"图层"→"图层样式"→"投影"命令，打开"图层样式"对话框，设置投影颜色为黑色，"距离"为 3，"扩展"为 1，"大小"为 5，得到文字的投影效果如图 4-14 所示。

（8）新建一个图层，使用矩形选框工具在画面右上方绘制一个较小的矩形选区，填充为黑色，然后在其中输入文字，并在属性栏中设置字体为宋体，填充为白色，如图 4-15 所示。

（9）使用横排文字工具在图像右上方和画面底部分别输入一段英文文字，参照如图 4-16 所示的方式排列文字，右上方的文字字体使用较粗的宋体，下方的文字字体使用 BallantinesScriptEF，完成本实例的制作。

图4-13　输入文字

图4-14　文字投影效果

图4-15　绘制矩形并输入文字

图4-16　输入其他文字

设计点评：

> 　　文字其实跟一张好的照片一样，不管是自己设计，还是去找素材，首先主题意思要明确，围绕大的主题去做一些小的修饰和衬托。这种修饰可以附带小号文字、字体形态、色彩等。一般添加文字，放大和突出重点文字的排放，缩小修饰性文字的字号，或者用色彩的浓淡加以区分。

4.3　摄影师的奇异世界

　　文字本身就是明确而有说服力的版面元素，它具有信息传递的准确性与直接性。将文字贯穿到整个拍摄主题来设计，能够令拍摄主题、风格更突出。文字还具有极强的可塑性，将它与图像巧妙地结合在一起能有效地提升版面的美观性。

　　本实例制作的是一个摄影师的奇异世界，将图像和文字结合在一起形成了奇妙的图像效果，实例展示效果如图4-17所示。

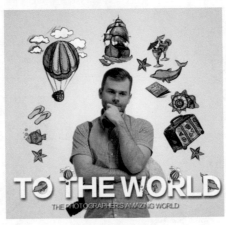

图 4-17　实例效果

设计构思：

　　本实例制作的是一个摄影师的奇异世界。下面将分 4 个步骤介绍本实例的设计构思，包括人物背景大量留白、整体排版布局、文字与图像的结合运用等，如图 4-18 所示。

1 在设计上有种"留白"的说法，主要是为了让画面能够呼吸，在后期添加素材时不拥挤。

2 将素材图像绕着人物的上半圈排列，正是为了给文字的添加留出合理的位置。

3 在文字中特意制作了投影效果，才能更好地与穿插的图像产生立体感。

4 将与文字结合的部分图像擦除，形成视觉上的穿插效果，让文字显得极其生动有趣。

图 4-18　本实例的设计构思

| 素材路径 | 光盘/素材/第4章/4.3 | 实例路径 | 光盘/实例/第4章 |

本实例具体的操作步骤如下：

（1）新建一个图像文件，选择渐变填充工具，在属性栏中设置渐变颜色从淡蓝色（R197，G233，B246）到白色。再选择"径向渐变"按钮 ▣，在图像中间按住鼠标左键向外拖动，得到蓝色填充背景，如图4-19所示。

（2）打开图像"素材/第4章/4.3/摄影师.psd"，使用移动工具将其拖曳到当前编辑的图像中，放到画面中间，如图4-20所示。

图4-19 填充背景

图4-20 添加人物图像

（3）打开图像"素材/第4章/4.3/鱼.psd、拖鞋.psd、热气球.psd、海豚.psd、其他.psd"等多个素材图像，使用移动工具分别将其拖曳到当前编辑的图像中，围绕人物图像排列成一个圆弧状，如图4-21所示。

（4）选择横排文字工具在图像下方输入一行英文文字，在属性栏中设置字体为方正兰亭特黑简体，填充为白色，如图4-22所示。

图4-21 添加其他素材图像

图4-22 输入文字

（5）选择"图层"→"图层样式"→"投影"命令，打开"图层样式"对话框，设置投影颜色为黑色，"不透明度"为68%，再设置其他参数如图4-23所示。

（6）单击"确定"按钮，得到的文字投影效果如图4-24所示。

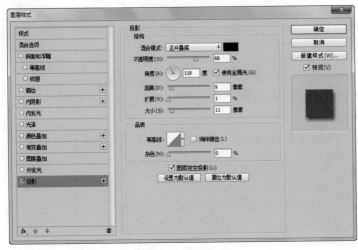

图 4-23　设置投影效果

图 4-24　文字投影

设计点评：

　　　　对于画面中字体的颜色，需要根据画面色调来确定，外景照片或色彩较为丰富的画面，采用字体颜色最好以黑白灰为主，可以起到收敛画面的作用。在把握不准的情况下，尽量少用颜色花哨的文字，以免与照片颜色不搭而显得奇怪。

　　（7）在"图层"面板中选择"鱼"图层，按下 Ctrl+I 组合键复制该图层，复制该图层，如图 4-25 所示。将该图层移动到文字图层的上方，如图 4-26 所示。

　　（8）将复制的鱼图案放到下面文字 O 中，适当缩小图像，如图 4-27 所示。

图 4-25　复制图层

图 4-26　调整图层顺序

图 4-27　缩小图像

　　（9）选择文字图层，然后选择魔棒工具单击字母 O 获取选区，按下 Shift+Ctrl+I 组合键反选选区，如图 4-28 所示。

（10）选择复制的"鱼"图层，单击"图层"面板底部的"添加图层蒙版"按钮，得到图层蒙版效果，如图4-29所示。

图4-28　反选选区

图4-29　添加图层蒙版

（11）使用同样的方法在"图层"面板中复制热气球、海豚等图像，通过添加图层蒙版让海豚图像有穿过字母的透视感，如图4-30所示。

（12）使用横排文字工具在画面底部输入一行英文文字，并在属性栏中设置字体为方正大黑简体，填充为白色，同样为其应用投影效果，如图4-31所示，完成本实例的制作。

图4-30　添加其他图像

图4-31　添加文字

4.4　文字和捧花

每一张婚纱照都是唯美而大气的，而没有人物面部手持捧花的新娘照片则更让设计师有发挥的空间。可以让文字占据画面的主要位置，弱化背景图像。但由于是婚纱背景，所以文字和排版应尽量做到简洁、时尚。

本实例制作的是一张以新娘捧花为背景的文字设计照片，实例展示效果如图4-32所示。

设计构思：

本实例制作的是一个文字和捧花，画面唯美。下面将分

图4-32　实例效果

77

两个步骤介绍本实例的设计构思，包括文字颜色的对比、排版方式的运用等，如图 4-33 所示。

1 采用差别较大的颜色能形成鲜明的对比，也正是这种对比方式才能吸引观赏者的目光。在白色矩形中输入深色的文字就是基于这个原理。

2 在文字的排版方式上，有大有小，但按照一种方式排列会让画面显得乱中有序，更有设计感。

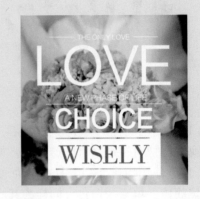

图 4-33　本实例的设计构思

素材路径	光盘 / 素材 / 第 4 章 /4.4	实例路径	光盘 / 实例 / 第 4 章

本实例具体的操作步骤如下：

（1）打开图像"素材 / 第 4 章 /4.4/ 捧花 .jpg"，单击"图层"面板底部的"创建新的填充或调整图层"按钮，在弹出的菜单中选择"曲线"命令，默认设置后进入"属性"面板，调整曲线，增加图像亮度，降低图像对比度，如图 4-34 所示。

（2）这时"图层"面板中将自动生成一个调整图层，调整后的图像效果如图 4-35 所示。

（3）新建一个图层，选择矩形选框工具在图像中绘制一个矩形选区，填充为白色，如图 4-36 所示。

图 4-34　调整曲线　　　　　图 4-35　图像效果　　　　　图 4-36　绘制白色矩形

（4）在白色矩形上下两处分别绘制一个细长的矩形选区，按下 Del 键删除图像，如图 4-37 所示。

（5）选择横排文字工具，在白色矩形图像中输入一行英文文字，并在属性栏中设置字体为方正书宋简体，填充为灰色，如图 4-38 所示。

（6）输入一个大写的单词 LOVE，将其放到画面上方，并设置字体为黑体，填充为白色，如图 4-39 所示。

图 4-37　删除图像

图 4-38　输入灰色文字

图 4-39　输入英文文字

（7）继续输入文字，并适当调整文字大小和粗细程度，参照图 4-40 所示的样式排列。

（8）选择矩形选框工具，在第一行和第三行较小的英文文字周围绘制细长的矩形选区，填充为白色，让文字显得具有延伸性，如图 4-41 所示。

（9）在白色矩形下方再输入英文文字，适当调整文字大小，在属性栏中设置字体为黑体，参照如图 4-42 所示的样式排列，完成本实例的制作。

图 4-40　输入文字

图 4-41　绘制矩形

图 4-42　完成效果

设计点评：

在使用文字做版面美化时，最常使用的就是英文字体。在此向读者推荐 Times New Roman 和 Arial Black 两种字体。字体的摆放方式可以根据照片的构图，采用点、线、面相结合的关系来处理。

4.5 花语情话

浪漫的粉色是婚纱照片设计最实用的颜色。一般在新娘的彩妆部分都会运用到粉色，所以粉色的设计与新娘装色也会形成一个呼应，营造出初夏时节的柔情惬意。需要注意的是，不建议采用高饱和度、过于鲜亮的颜色，淡淡的粉色调更能生动地表现出照片的唯美感。

本实例制作的是一张婚纱照后期处理，实例展示效果如图 4-43 所示。

设计构思：

本实例制作的是一个婚纱版面设计，使用了粉红色为主要色调。下面将分两个步骤介绍本实例的设计构思，包括图片的选择和效果的把控等，如图 4-44 所示。

图 4-43　实例效果

1 单色素雅的照片、抠图比较费劲的照片在后期处理时最适合添加边框和文字，为图片烘托气氛。

2 碎花系列的图像本身色彩就比较杂乱，但配上素雅的婚纱照就显得极为合适。尤其是还可以利用色相／饱和度等调色命令对人物肤色、素材等做同意色调的调节。

图 4-44　本实例的设计构思

素材路径	光盘 / 素材 / 第 4 章 /4.5	实例路径	光盘 / 实例 / 第 4 章

本实例具体的操作步骤如下：

（1）新建一个图像文件，设置前景色为粉红色，按下 Alt+Del 组合键填充背景，如图 4-45 所示。

（2）选择"滤镜"→"杂色"→"添加杂色"命令，打开"添加杂色"对话框，设置"数量"为 8%，选择"高斯分布"单选按钮和"单色"复选框，如图 4-46 所示。

（3）单击"确定"按钮，得到添加杂色的图像效果如图 4-47 所示。

图 4-45　填充背景颜色

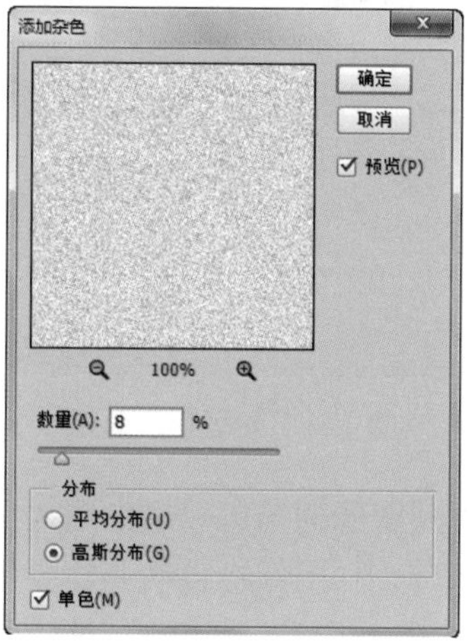

添加杂色

确定

取消

☑ 预览(P)

100%

数量(A): 8 ％

分布
○ 平均分布(U)
● 高斯分布(G)

☑ 单色(M)

图 4-46　添加杂色

图 4-47　添加杂色效果

（4）打开图像"素材 / 第 4 章 /4.5/ 婚纱照 .jpg"，使用椭圆选框工具在人物头像周围绘制一个椭圆形选区，框选住人物头像，如图 4-48 所示。

（5）按下 Ctrl+C 组合键复制选区中的图像，然后切换到粉红色背景图像中，按下 Ctrl+V 组合键粘贴图像，适当调整图像大小，放到画面正中间，如图 4-49 所示。

图 4-48　绘制选区

图 4-49　粘贴图像

（6）选择"图层"→"图层样式"→"描边"命令，打开"图层样式"对话框，设置描边颜色为土红色（R86，G53，B33），"大小"为3，其他设置如图4-50所示。

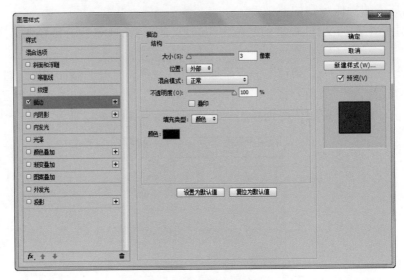

图 4-50　设置描边参数

（7）单击"确定"按钮，得到图像的描边效果如图4-51所示。

（8）选择"图像"→"自动色调"命令，图像将自动调整颜色和对比度。再选择"图像"→"调整"→"亮度/对比度"命令，打开"亮度/对比度"对话框，设置"亮度"为14，"对比度"为5，如图4-52所示。

（9）单击"确定"按钮，得到图像的调整效果如图4-53所示。

图 4-51　描边效果　　　　图 4-52　调整亮度和对比度　　　　图 4-53　图像效果

（10）打开图像"素材/第4章/4.5/花卉.psd"，使用移动工具分别将花朵图像拖曳到当前编辑的图像中，放两朵到人物照片上方，放一朵到人物图像上方，如图4-54所示。

（11）选择横排文字工具，在画面底部输入英文文字，在属性栏中设置字体为方正大标宋简体，填充为深红色（R75，G16，B16），参照如图 4-55 所示的样式排列。

（12）在英文文字第三行右侧输入一行中文文字，同样设置字体为方正大标宋简体，填充为深红色（R75，G16，B16），如图 4-56 所示，完成本实例的操作。

图 4-54　添加花朵素材

图 4-55　添加文字

图 4-56　完成效果

4.6　阳光沙滩

漂亮的风景照很多，但要能快速抓住人眼球则需要创新。

在图像中添加插画，这是一种设计新风标，它不但能突出主题思想，还能增强艺术感染力。在真实的场景中添加卡通人物和图片是现在年轻人非常喜爱的一种设计模式，让整个画面显得更具有故事感。

本实例制作的是一个日系旅拍照片"阳光沙滩"，实例展示效果如图 4-57 所示。

图 4-57　实例效果

设计构思：

本实例制作的是一个日系旅拍照片，将插画和日系文字完美结合。下面将分两个步骤介绍本实例的设计构思，包括素材图像的位置、日文文字的输入等运用，如图 4-58 所示。

1 繁密的布局是日系风格设计的特点之一，设计这一类照片时，首先要版面清新，留有空白的图像才能添加所需的元素。

2 日系风格的后期设计非常流行，对于一些风景照片，巧妙的将日文运用到其中，结合漫画的形式，更具有一种独特的风格。

图 4-58　本实例的设计构思

素材路径	光盘 / 素材 / 第 4 章 /4.6	实例路径	光盘 / 实例 / 第 4 章

本实例具体的操作步骤如下：

（1）打开图像"素材 / 第 4 章 /4.6/ 沙滩 .jpg"，如图 4-59 所示，下面将在该图像中添加其他素材和文字，制作成日系风格的效果。

（2）打开图像"素材 / 第 4 章 /4.6/ 卡通情侣 .psd、手绘花 .psd"，使用移动工具分别将其拖曳到沙滩图像中，将手绘花图像放到画面右侧，将卡通人物放到画面下方，如图 4-60 所示。

图 4-59　打开素材图像　　　　　　　　图 4-60　添加卡通人物

（3）选择横排文字工具，在输入法中打开软键盘，选择"日文平假名"，在图像左上方输入多段日文文字，并在属性栏中设置字体为方正卡通简体，填充为白色，适当旋转文字，按照如图 4-61 所示的样式排列。

（4）使用横排文字工具在画面底部再输入一行日文文字，并在"图层"面板中将其放到卡通人物下方，如图 4-62 所示。

图 4-61　输入文字

图 4-62　继续输入文字

（5）新建一个图层,选择矩形选框工具在图像边缘处绘制一个矩形选区,如图 4-63 所示。

（6）选择"编辑"→"描边"命令，打开"描边"对话框，设置描边"宽度"为 4，颜色为白色，设置"位置"为"居外"，如图 4-64 所示。

图 4-63　绘制矩形选区

图 4-64　设置描边效果

（7）单击"确定"按钮，得到描边效果，如图 4-65 所示。使用橡皮擦工具对文字或图像与白色边线重合的位置进行擦除，如图 4-66 所示，完成本实例的制作。

图 4-65　描边得到边框

图 4-66　删除部分图像

第5章 多变的面部妆容

【让照片变得更具艺术感】

随着化妆技术的提高，人们面部通过妆容的修饰，能够让自己变得更加年轻、漂亮，甚至更多样化。不同的妆容能够让人产生不一样的精神面貌。

而对于没有化妆或只画了淡妆的漂亮姑娘来说，适当的后期处理能够让整张照片再增色不少。干净唯美的底妆，加入具有春意的樱花粉色，在颧骨处抹一点红，彰显出人物娇嫩的皮肤和好气色；用温和、柔美的杏色填满整个眼窝，再配合画笔工具对人物轮廓进行涂抹，类似于欧式立体妆法，尽显高贵气质。

本章将以日常拍摄的美女写真照为例，向大家讲解如何通过后期的设计和处理，打造出多变的面部妆容。

【本章实例展示】

5.1 面部妆容和后期处理的关系

1. 轻透樱红妆

轻透底妆加上粉色胭脂，能够营造出水润光滑的肌肤效果，如图 5-1 所示。

在眼部添加了具有浪漫色彩的樱花粉色，并在颧骨处采用平涂的方式，打破裸淡妆容的平淡，彰显娇嫩的皮肤和好气色。在唇部处理时，可以采用绚丽的粉色，塑造纯净嫩透的彩妆妆效。

2. 眉毛有型才够美

弯弯柳眉已经不能够体现现代年轻人的气质，而具有存在感的粗眉，由于它的真实自然性，越来越受到人们的关注，如图 5-2 所示。

图 5-1　轻透樱红妆

图 5-2　粗眉美女

在描画眉毛时，可以在原眉型基础上清晰勾勒和修正眉毛走向，达到修饰五官轮廓，使其产生立体的效果。而营造自然粗眉的根本在于使用合适的笔刷绘制出眉毛的自然存在感。

3. 复古的魅力

复古是一种情怀，温暖的色调、温馨的画面、油画板的唯美趣味都是设计师想要在画面中表达出来的语言，如图 5-3 所示。

复古有种时光穿梭的感觉，经典、永恒、耐看、不浮夸，更不失高端，具有一种文艺气息在里面。

设计复古风格照片需要注意照片中的场景和人物之间的关系，色调和素材的选择都要符合拍摄主题和氛围。

4. 文字和素材的适当运用

在面部妆容的照片中，同样可以运用一些素材和文字来增添色彩。但由于面部妆容照片多属于人物面部为主，所以文字只能起到辅助作用。

而素材图像的选择则要少用，要尽量减少设计上的粗

图 5-3　复古美女

糙感。很多时候，粗糙感是因为设计画面的归纳、协调不到位造成的，很多设计师都喜欢在网上下载一些素材，在不了解该图像的情况下胡乱搭配，造成一种设计上的混乱。

5.2 艺术复古风

一般来说，复古风主要体现在衣服、造型、配饰上，但本实例却主要体现在妆容和整体背景的气氛烘托中。让复古风又多了一种感觉，更具有艺术性，也更有特色。

周围浪漫的花朵若隐若现，配合人物清淡的妆容，恰到好处。

本实例制作的是一个具有艺术风格的复古照片，实例展示效果如图5-4所示。

设计构思：

图5-4 实例效果

本实例制作的是一个人物复古风格艺术照，画面唯美。下面将分4个步骤介绍本实例的设计构思，包括素材和人物画面的位置、整体排版布局、人物色彩调整等，如图5-5所示。

1 将花朵图像放到画面中间是为了后期衬托人物图像，形成与玫瑰花融合的效果。

2 在人物中添加多个小花瓣图像，并制作出特殊效果，这一步重点在于创造艺术效果。

3 降低图像饱和度，营造一种高贵、时尚的气质，也让人物的肌肤更加有质感。

4 打造人物妆容，眉眼和唇部分别添加粉红色，与周围的素色图像形成鲜明的对比。

图5-5 本实例的设计构思

素材路径	光盘 / 素材 / 第 5 章 /5.2	实例路径	光盘 / 实例 / 第 5 章

本实例具体的操作步骤如下：

（1）选择"文件"→"新建"命令，打开"新建"对话框，设置文件名称为"艺术复古风"，"宽度"和"高度"分别为 42 厘米和 35 厘米，分辨率为 72 像素 / 英寸，如图 5-6 所示。

（2）打开素材图像"素材 / 第 5 章 /5.2/ 复古背景 .jpg"，使用移动工具将其拖曳到当前编辑的图像中，适当调整图像大小，放到画面正中间，如图 5-7 所示。

图 5-6　新建图像

图 5-7　添加素材图像

（3）打开图像"素材 / 第 5 章 /5.2/ 粉红玫瑰 .psd"，将其移动到当前编辑的图像中，适当调整图像大小后放到画面中间，如图 5-8 所示。

（4）选择"图层"→"调整"→"曲线"命令，打开"曲线"对话框，填充曲线，降低图像亮度，如图 5-9 所示。

图 5-8　添加玫瑰花

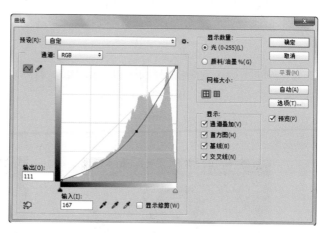

图 5-9　调整曲线

（5）选择"图层"→"调整"→"色相 / 饱和度"命令，打开"色相 / 饱和度"对话框，设置饱和度参数为 –77，其他为 0，如图 5-10 所示。单击"确定"按钮，得到调整后的玫瑰花效果如图 5-11 所示。

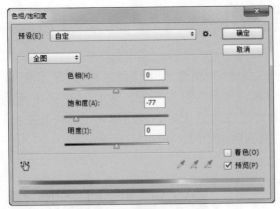

图5-10　调整色相/饱和度

图5-11　玫瑰花效果

（6）打开图像"素材/第5章/5.2/少女.psd"，将其移动到当前编辑的图像中，适当调整图像大小后放到画面中间，如图5-12所示。

（7）打开图像"素材/第5章/5.2/白色花瓣.psd"，使用移动工具将其拖曳过来，放到人物图像左侧，遮盖部分头发，如图5-13所示。

图5-12　添加人物图像

图5-13　添加花瓣图像

（8）按住Ctrl键单击白色花瓣所在图层，载入该图像选区，然后单击该图层前面的颜色图标，隐藏该图层，如图5-14所示。

（9）选择图层3，按下Shift+Ctrl+I组合键反选选区，然后单击"图层"面板底部的"添加图层蒙版按钮" ，隐藏部分人物图像，效果如图5-15所示。

图5-14　隐藏图层

图5-15　应用图层蒙版

（10）打开图像"素材 / 第 5 章 /5.2/ 花环 .psd"，使用移动工具将其拖曳过来，将人物图像框在中间，如图 5-16 所示。

（11）选择"图像"→"新建调整图层"→"色相 / 饱和度"命令，在弹出的对话框中默认设置，然后进入"属性"面板，设置"饱和度"为 –72，如图 5-17 所示，降低图像整体饱和度后的效果如图 5-18 所示。

图 5-16　添加花环图像　　　图 5-17　降低图像饱和度　　　图 5-18　图像效果（1）

（12）这时"图层"面板中将自动生成一个调整图层，单击"图层"面板中的"图层蒙版缩览图"图标进入蒙版编辑状态，如图 5-19 所示。

（13）设置前景色为黑色，背景色为白色，使用画笔工具对人物的眼睛和嘴巴图像进行涂抹，显示出原有的图像颜色，如图 5-20 所示。

图 5-19　进入蒙版编辑　　　　　图 5-20　图像效果（2）

（14）单击"图层"面板底部的"创建新的调整图层"按钮，在弹出的菜单中选择"曲线"命令，在"属性"面板中调整曲线，如图 5-21 所示，得到的图像效果如图 5-22 所示。

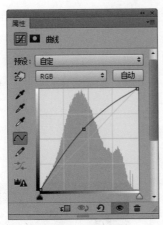

图 5-21　调整曲线

图 5-22　图像效果（3）

（15）打开图像"素材 / 第 5 章 /5.2/ 小花 .psd"，使用移动工具将其拖曳过来放到人物头部左侧，得到的图像效果如图 5-23 所示。

（16）新建一个图层，设置前景色为黑色，选择画笔工具，在属性栏中设置画笔大小为 280，不透明度为 20%，对图像的右上方和左下角进行涂抹，得到加深图像边缘的效果，如图 5-24 所示，完成本实例的制作。

图 5-23　添加小花图像

图 5-24　完成效果

5.3　樱桃粉红妆

在整个面容淡雅干净的基础上加入了具有春意的花瓣和树叶、淡淡的桃红色眼妆，并在双唇间点上同样的粉红妆色，营造出年轻、浪漫的效果。

这些后期处理方法让原本平淡的人物面容顿时显得明亮起来。

本实例制作的是一个樱桃粉红妆，实例展示效果如图 5-25 所示。

图 5-25　实例效果

设计构思：

本实例制作的是一个樱桃粉红的妆容，再配以文字丰富画面。下面将分两个步骤介绍本实例的设计构思，包括妆容的设计、素材的选择、文字的运用等，如图 5-26 所示。

1 妆容的色调设定需要符合人物特性，如文静的女孩就比较适合清新粉嫩的妆容。

2 素材图像和文字的添加经常能起到画龙点睛的作用。花瓣的颜色与妆容互相呼应，而树叶的飘动感能让画面充满活力。

图 5-26　本实例的设计构思

素材路径	光盘 / 素材 / 第 5 章 /5.3	实例路径	光盘 / 实例 / 第 5 章

本实例具体的操作步骤如下：

（1）打开图像"素材 / 第 5 章 /5.3/ 吉他女 .jpg"，如图 5-27 所示。按下 Ctrl+J 组合键复制一次背景图层，得到图层 1，如图 5-28 所示。

图 5-27　打开素材图像　　　　　图 5-28　复制图层

技巧提示：

这里复制一次背景图层，主要是为了让原图有一个备份，方便今后对图像的调整。

（2）使用缩放工具框选人物面部图像，放大该区域，新建一个图层，设置前景色为紫色（R164，G72，B151），使用画笔工具在人物的眼睛上面绘制出眼影图像，如图5-29所示。

（3）在"图层"面板中设置该图层的混合模式为"柔光"，得到与人物皮肤混合的颜色效果，如图5-30所示。

图 5-29　绘制眼影图像　　　　　　　　图 5-30　图像效果（1）

（4）再新建一个图层，使用画笔工具，在属性栏中设置不透明度为50%，对人物添加腮红图像，如图5-31所示。

（5）在"图层"面板中也设置该图层的混合模式为"柔光"，得到较为自然的腮红效果，如图5-32所示。

图 5-31　绘制腮红　　　　　　　　　　图 5-32　图像效果（2）

（6）新建一个图层，使用画笔工具对人物的唇部进行涂抹，然后将图层混合模式设置为"柔光"，如图5-33所示。

（7）打开图像"素材/第5章/5.4/头花.psd"，选择移动工具将其拖曳到当前编辑的图像中，适当调整图像大小，放到人物头部左侧，得到如图5-34所示的效果。

（8）打开图像"素材/第5章/5.4/树叶和花朵.psd"，使用移动工具分别将其拖曳到当前编辑的图像中，适当调整图像大小，放到画面中，参照如图5-35所示的效果排列位置。

（9）选择横排文字工具，在画面左上方输入英文文字LOVE，填充为粉红色（R225，G99，B141），然后在下方再输入几行小字，填充为灰色，效果如图5-36所示，完成本实例的制作。

图 5-33 添加唇部色彩

图 5-34 添加头花

图 5-35 添加花朵图像

图 5-36 添加文字

5.4 优雅咖啡眉

粗眉妆其实并不是两道浓浓的粗眉，而是采用恰当的眉色定心描画，打造出柔和的线条。粗眉妆是妆容的重点，但不能喧宾夺主，不能变成面部妆容中的重点。

在打造粗眉妆时，应与人物眉毛轮廓和眼部妆容色调一致，才能得到自然的妆容效果。

本实例制作的是一个粗眉妆容，实例展示效果如图 5-37 所示。

设计构思：

本实例制作的是一个粗眉妆容，配上人物甜美

图 5-37 实例效果

的笑容，显得非常大气。下面将分两个步骤介绍本实例的设计构思，包括眉形的绘制和文字的运用等，如图 5-38 所示。

1 粗眉妆除了较粗以外，还应符合人物的眉毛轮廓形状，不同的眉形能够做出不一样的形状。

2 加深眉毛后，会自然感觉唇部色调暗淡，所以其他妆容也应该适当的修饰。

图 5-38　本实例的设计构思

素材路径	光盘 / 素材 / 第 5 章 /5.4	实例路径	光盘 / 实例 / 第 5 章

本实例具体的操作步骤如下：

（1）打开图像"素材 / 第 5 章 /5.4/ 清新少女 .jpg"，选择套索工具，沿着人物面部、颈项和手部等肌肤做勾选，获取图像选区，如图 5-39 所示。

（2）选择"选择"→"修改"→"羽化"命令，打开"羽化选区"对话框，设置"羽化半径"为 5 像素，单击"确定"按钮，如图 5-40 所示。

图 5-39　绘制选区

图 5-40　设置羽化参数

（3）羽化选区后，新建一个图层，将选区填充为白色，然后按下 Ctrl+D 组合键取消选区，如图 5-41 所示。

（4）在"图层"面板中设置该图层的混合模式为"柔光"，"不透明度"为 70%，得到的图像效果如图 5-42 所示。

（5）使用缩放工具放大人物面部图像，选择橡皮擦工具，在属性栏中设置"不透明度"为 50%，对面部五官做擦除，得到的图像效果如图 5-43 所示。

（6）选择背景图层，选择套索工具沿着人物眉毛图像绘制选区，如图 5-44 所示。

图 5-41　绘制选区

图 5-42　设置羽化参数

图 5-43　擦除五官图像

图 5-44　绘制眉毛图像选区

（7）在选区中单击鼠标右键，在弹出的快捷菜单中选择"羽化"命令，打开"羽化选区"对话框，设置参数为 2 像素，如图 5-45 所示。

（8）按下 Ctrl+J 组合键复制选区中的图像，选择移动工具将复制的眉毛图像适当向上移动，效果如图 5-46 所示，得到加粗的眉毛效果。

图 5-45　羽化选区

图 5-46　加粗眉毛

技巧提示：

在复制眉毛后，如果觉得粗细不符合自己的要求，可以再复制一次眉毛图像，适当移动位置或旋转图像，调整到合适的角度即可。

（9）选择"图像"→"调整"→"亮度／对比度"命令，打开"亮度／对比度"对话框，降低"亮度"为 –50，如图 5-47 所示，得到的图像效果如图 5-48 所示，可以看到加粗的眉毛显得更加明显。

图 5-47　羽化选区　　　　　　　　　　　图 5-48　加粗眉毛

（10）选择背景图层，使用套索工具沿着右侧的眉毛边缘绘制选区，复制图像后向上移动，然后降低图像亮度，得到加粗的深色眉毛效果，如图 5-49 所示。

（11）新建一个图层，设置前景色为深红色（R162，G18，B55），选择画笔工具，设置画笔大小为 7 像素，对人物唇部图像进行涂抹，如图 5-50 所示。

图 5-49　加粗另一侧眉毛　　　　　　　　图 5-50　绘制唇部图像

（12）设置该图层的混合模式为"柔光"，"不透明度"为 60%，得到与原唇部图像自然融合的图像效果，如图 5-51 所示。

（13）选择横排文字工具，在画面右侧输入英文和中文文字，分别填充为深红色（R162，G18，B55）和黑色，参照如图 5-52 所示的样式排列文字，完成本实例的制作。

图 5-51　唇部图像效果　　　　　　　　　图 5-52　输入文字

第6章　打造艺术风格照片

【让照片变得更具艺术感】

　　一直以来，很多人都偏爱具有独特艺术风格的照片。当然，不同的人对艺术风格的理解也各有不同。

　　照片画面可以是充满生活气息，也可以融入小情调，或者有些动人细节却掺杂着过曝的光线。或许没有太多的视觉冲击力，但能触动敲打着心灵深处。

　　色调相对低饱和，可以是素雅的小清新，可以是温暖的牛奶色，也可以是胶片的颗粒感……无论哪种方式，都渗透着拍摄者的情怀以及摄影的魅力。

　　本章将以日常偏清新的照片为例，向大家讲解如何通过后期的设计和排版，打造出具有艺术效果的照片。

【本章实例展示】

6.1 艺术风格照片的常见类型

1. 明信卡片

明信卡片风格的设计，可以选择一些饱含情感、能够传达一些信息的照片，比如旅行照片、季节感悟等，以及一些带有明显地域特点、节日、特殊花期的照片，如图6-1所示。一些色彩比较鲜明、视觉感强的照片更利于此类的设计。

图6-1 明信卡片

在设计上可以相对灵活一些。如果是儿童摄影，可以增加一些可爱元素；如果是女性人物摄影，可以增加一些艺术美化效果，风格上也可以做得唯美一些。

2. 平面海报

将照片制作成平面海报的样式，可以使照片具有不一样的艺术效果，让一张原本普通的照片瞬间变得更有格调，或者是变得酷酷的。

用来制作平面海报的照片一般选择构图比较工整、信息主旨明确、直指拍摄主题，并且具有一定意境美的照片来设计。优先选择图片本身有较大空白区的照片，以便于添加设计元素。如果人物在图片中占据的面积较大，画幅较满时，可外延添加空白区域进行海报式的设计。

3. 小清新风格电影海报

素雅的小清新风格设计非常适合春夏季的外景片。当然，图片本身应具有日系小清新的风范，比如略微过曝的光线、素雅的色调、轻淡的蓝天白云，以及浅淡色的人物装扮。在选择照片时，可以选择本身具有一定故事情节的照片，冠以简洁的主题名称，结合恰当的字体、元素、版式，设计成电影海报的样式，如图6-2所示。

4. 杂志封面

繁密布局的封面设计是杂志封面的特点之一，尤其是时尚美、美妆类、魔漫类的杂志，如图 6-3 所示。参照这一类封面设计的特点，选择照片时应选择主题突出、人物位于画面中心位置、适合排版的照片。

图 6-2 小清新风格电影海报

图 6-3 杂志封面

5. 杂志内页

仿杂志内页的设计较多出现于相册的版面设计中，要求每页有重复、共性的设计，从而形成连贯性，如统一的色块、主题文字，相同位置的图标设计等。

6.2 亲爱的你

为爱的人设计一张小卡片是一件非常幸福的事，让平淡的生活变得有不一样的感觉。

明信片风格的设计，可以选择一些饱含情感、能够传达一些信息的照片，如旅行照片、季节感悟等，以及一些带有明显地域特点、节日、特殊花期的照片。一些色彩比较鲜明、视觉感强的照片更利于此类的设计。

本实例制作的是一张明信片"亲爱的你"，实例展示效果如图 6-4 所示。

图 6-4 实例效果

设计构思：

本实例制作的是一张明信片，画面非常唯美。下面将分 4 个步骤介绍本实例的设计构思，包括人物画面的位置、整体排版布局、素材和文字的运用等，如图 6-5 所示。

1 因为在一张横式的图像中，人的视觉更容易偏向左边，所以将人物图像放在左侧，照片将作为主题得到突显。

2 为营造浪漫的氛围，在人物图片周围添加了爱心、花瓣、彩带等，并将美女与卷纸图像融为一体，但又与周围的图像区分开来，显得更加有意境。

3 字体是优雅的欧式风格，稳重的黑色文字以段落排布，大小交错并层次清晰，主次分明。

4 画面四周的明信片特有小方格图像和邮戳图像，让画面更加充满了年代感。

图 6-5　本实例的设计构思

素材路径	光盘 / 素材 / 第 6 章 /6.2	实例路径	光盘 / 实例 / 第 6 章

本实例具体的操作步骤如下：

（1）选择"文件"→"新建"命令，打开"新建"对话框，设置文件名称为"亲爱的你"，"宽度"和"高度"分别为 30 厘米和 20 厘米，分辨率为 200 像素 / 英寸，如图 6-6 所示。

（2）打开素材图像"素材 / 第 6 章 /6.2/ 粉红背景 .jpg"，使用移动工具将其拖曳到当前编辑的图像中，适当调整图像大小，放到画面正中间，如图 6-7 所示。

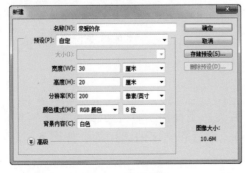

图 6-6　新建图像

图 6-7　添加素材图像

（3）打开素材图像"素材 / 第 6 章 /6.2/ 板子 .psd"，将其移动到当前编辑的图像中，适当调整图像大小后放到画面左侧，如图 6-8 所示。

（4）选择"图层"→"图层样式"→"投影"命令，打开"图层样式"对话框，设置投影颜色为黑色，其他参数如图 6-9 所示。

图 6-8　添加板子图像

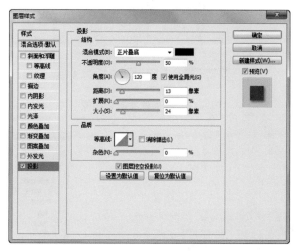

图 6-9　添加投影

（5）单击"确定"按钮，得到图像的投影效果如图 6-10 所示。

（6）打开素材图像"素材 / 第 6 章 /6.2/ 卷纸 .psd"，使用移动工具将其拖曳到当前编辑的图像中，放到板子图像上，如图 6-11 所示。

图 6-10　投影效果

图 6-11　添加卷纸图像

（7）打开素材图像"素材 / 第 6 章 /6.2/ 美女 .psd"，将该图像放到白色的卷纸图像中，适当调整大小，使其和卷纸大小一致，如图 6-12 所示。

（8）按住 Ctrl 键单击卷纸所在图层，载入该图像选区，然后选择美女图像所在图层，按下 Shift+Ctrl+I 组合键反选选区，再按 Del 键删除选区中的图像，效果如图 6-13 所示。

（9）选择橡皮擦工具对人物图像的四周做一定的擦除处理，特别是在卷纸的对折角处将卷角的图像显示出来才更有立体效果，如图 6-14 所示。

（10）选择卷纸所在图层，然后选择"图层"→"图层样式"→"投影"命令，打开"图层样式"对话框，设置投影颜色为黑色，其他参数设置如图 6-15 所示。

图 6-12　添加美女素材图像

图 6-13　删除多余的图像

图 6-14　擦除处理

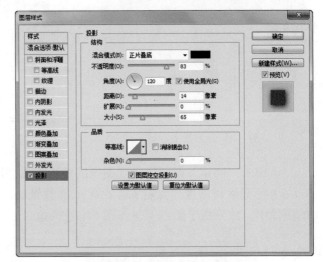

图 6-15　"图层样式"对话框

（11）单击"确定"按钮，得到卷纸的投影效果如图 6-16 所示。

（12）打开素材图像"素材 / 第 6 章 /6.2/ 蝴蝶结 .psd"，使用移动工具将其拖曳到当前编辑的图像中，分别放到板子图像的右上方和左下方，并在"图层"面板中将其放到"板子"图层的下方，如图 6-17 所示。

图 6-16　得到投影效果

图 6-17　调整图层顺序

在"图层"面板中调整图层顺序时可以直接按住鼠标左键拖动，即可将其拖动到所需的位置。

（13）选择"蝴蝶结"图层，然后选择"图层"→"图层样式"→"投影"命令，打开"图层样式"对话框，设置投影颜色为黑色，其他参数如图 6-18 所示。

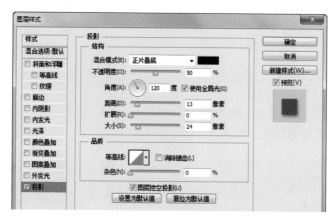

图 6-18　设置投影样式

（14）单击"确定"按钮，得到投影效果，然后使用相同的方法为绸带图像添加投影样式，如图 6-19 所示。

（15）打开素材图像"素材 / 第 6 章 /6.2/ 绸带 .psd"和"素材 / 第 6 章 /6.2/ 爱心 .psd"，将它们拖曳到当前编辑的图像中，分别放到板子图像的右上方和左下方，让两个绸带图像组成立体效果，如图 6-20 所示。

图 6-19　投影效果（1）

图 6-20　添加素材图像（1）

（16）打开"图层样式"对话框，同样为它们添加投影效果，设置投影颜色为黑色，效果如图 6-21 所示。

（17）选择横排文字工具，在爱心图像中输入英文文字，并填充为洋红色（R222，G22，B107），按下 Ctrl+T 组合键适当旋转文字，效果如图 6-22 所示。

图 6-21 投影效果（2）

图 6-22 输入文字

（18）在画面右下方输入明信片的其他文字内容，内容可以根据自己的需要进行调整，参照如图 6-23 所示的样式进行排列。

（19）打开素材图像"素材 / 第 6 章 /6.2/ 单枝花 .psd"，使用移动工具将其拖曳到当前编辑的图像中，放到文字右侧，效果如图 6-24 所示。

图 6-23 输入其他文字

图 6-24 添加素材图像（2）

（20）在"图层"面板中设置该图层的混合模式为"明度"，得到单色图像效果，如图 6-25 所示。

（21）打开素材图像"素材 / 第 6 章 /6.2/ 邮戳 .psd"和"花瓣 .psd"，将邮戳图像放到画面右上方，将花瓣图像放到画面左上方，效果如图 6-26 所示。

图 6-25 设置图层混合模式效果

图 6-26 添加素材图像（3）

（22）新建一个图层，选择多边形套索工具，在画面上边缘处绘制一个四边形选区，填充为深红色（R191，G18，B22）；再绘制一个相同大小的选区，填充为深蓝色（R23，

G29，B113），如图 6-27 所示。

（23）使用相同的方法在明信片周边围绕白色图像绘制多个深红色和深蓝色的图像，参照如图 6-28 所示的样式进行排列，完成本实例的操作。

图 6-27　绘制图像

图 6-28　完成效果

6.3　路上的风景

一路上的风景各种各样，需要有一双发现美的眼睛，也需要一双修改图片的手。

本实例制作的是风景明信片"路上的风景"，实例展示效果如图 6-29 所示。

图 6-29　实例效果

设计构思：

本实例制作的是一个风景明信片，设计上采用了怀旧复古的风格。下面将分 4 个步骤介绍本实例的设计构思，包括图像色调的调整、如何突出复古风格，以及文字的运用等，如图 6-30 所示。

1 为画面底部 2/3 处留白，大胆地使用性质
线条的元素，配以段落文字，文字大小错
落有致。

2 画面右下角添加了圆形印章，与左侧的素
材图像形成对称画面。点、线、面的结合
使整体更具设计感。

3 色调上运用了一张底纹图像，结合图层混
合模式的方式制作出了怀旧感。当然，在
素材图片的选择上需要与原照片的色调一
致才能得到统一。

4 画面左上方的英文和图形与人物的视觉形
成了一条直线，使画面感情更加饱和。

图 6-30　本实例的设计构思

素材路径	光盘 / 素材 / 第 6 章 /6.3	实例路径	光盘 / 实例 / 第 6 章

本实例具体的操作步骤如下：

（1）打开素材图像"素材 / 第 6 章 /6.3/ 铁轨 .jpg"，如图 6-31 所示，将对这张图片做
艺术处理，制作成具有复古特色的明信片效果。

（2）选择"图层"→"画布大小"命令，打开"画布大小"对话框，设置图像"高度"
为 60 厘米，选择定位为顶端，如图 6-32 所示。

技巧提示：

> 在"画布大小"对话框中选择定位，可以确定画布扩大或缩小的位置，如
> 这里调整了图像高度，又将定位设置为顶端，则会扩展下方的位置，而扩展后
> 的画布底色为背景色。

图 6-31　打开素材图像

图 6-32　设置图像高度

（3）单击"确定"按钮，得到扩展后的画布效果。由于工具箱下面的背景为白色，所以这里扩展后的背景为白色，如图 6-33 所示。

（4）选择矩形选框工具框选人物图像，然后按下 Ctrl+J 组合键复制选区中的图像，得到图层 1，如图 6-34 所示。

图 6-33　扩展画布后的效果

图 6-34　复制图像

（5）选择背景图层，设置前景色为淡黄色（R207，G200，B182），按下 Ctrl+Del 组合键填充背景，如图 6-35 所示。

（6）新建一个图层，使用多边形套索工具在淡黄色图像左右和下方的边缘位置绘制不规则多边形选区，并将其填充为咖啡色（R72，G48，B34），如图 6-36 所示。

图 6-35　填充背景颜色

图 6-36　绘制边缘图像

（7）分别使用工具箱中的加深工具和减淡工具在图像中适当涂抹，将部分图像加深、部分图像减淡，让图像更加有层次感，效果如图6-37所示。

（8）打开素材图像"素材/第6章/6.3/玫瑰.psd"，使用移动工具将其拖曳到当前编辑的图像中，放到画面左下方，如图6-38所示。

图6-37　图像效果（1）

图6-38　添加素材图像（1）

（9）在"图层"面板中设置图层混合模式为"颜色加深"，"不透明度"为50%，如图6-39所示。

（10）打开素材图像"素材/第6章/6.3/底纹.psd"，使用移动工具将其拖曳到当前编辑的图像中，适当调整图像大小，让图像布满整个画布，如图6-40所示。

图6-39　图像效果（2）

图6-40　添加素材图像（2）

（11）在"图层"面板中设置该图层的混合模式为"线性加深"，"不透明度"为40%，如图6-41所示。

（12）打开素材图像"素材/第6章/6.3/邮戳.psd"，使用移动工具将其拖曳到当前编辑的图像中，放到画面右下方，并在"图层"面板中适当降低"不透明度"为77%，如图6-42所示。

（13）新建一个图层，选择矩形选框工具在邮戳图像左侧绘制几条相同大小细长的矩形选区，填充为深红色（R50，G25，B15），如图6-43所示。

（14）使用横排文字工具在线条中输入文字，并在属性栏中设置字体为Informal Roman，这里文字内容可以随意，如图6-44所示。

图 6-41　设置图层属性

图 6-42　添加邮戳图像

图 6-43　绘制细长矩形

图 6-44　输入文字（1）

（15）继续输入英文文字 I MET YOU，并在属性栏中设置字体为 Base 02，填充为深红色（R50，G25，B15），如图 6-45 所示。

（16）选择椭圆选框工具，按住 Shift 键，在右侧绘制一个圆形选区，填充为深红色，并在其中输入文字 5，效果如图 6-46 所示。

图 6-45　输入文字（2）

图 6-46　绘制圆形

（17）在人物画面的左上方输入一行英文，填充为淡黄色（R233，G225，B202），按下 Ctrl+T 组合键将文字适当倾斜，如图 6-47 所示。

（18）选择"图层"→"图层样式"→"投影"命令，打开"图层样式"对话框，设置投影颜色为黑色，其他参数如图 6-48 所示。

图 6-47　输入文字（3）

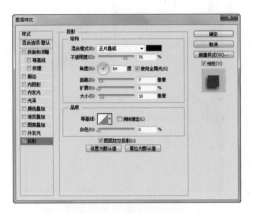

图 6-48　设置投影样式

（19）单击"确定"按钮，得到添加投影后的图像效果如图 6-49 所示。

（20）使用钢笔工具在文字下方绘制一个一头椭圆一头尖角的图形，将其填充为淡黄色，并应用与文字相同的图层样式，如图 6-50 所示，完成本实例的制作。

图 6-49　投影效果

图 6-50　完成效果

6.4　明媚的阳光

让阳光洒在人身上，使原本平淡无奇的照片充满了艺术效果。本实例制作的是明媚的阳光，让一张平淡的照片顿时充满了阳光照耀的感觉，效果如图 6-51 和图 6-52 所示。

图 6-51　原始照片

图 6-52　实例效果

设计构思：

本实例制作的是一个小清新艺术照，主要是针对图像颜色的调整。下面将分 4 个步骤介绍本实例的设计构思，包括将图像整体提亮、制作图像中的阳光效果，以及文字的运用等，如图 6-53 所示。

1 原图整体色调都很暗，首先对画面做了提升亮度、对比度的调整，通过精细的调整，让花朵、蓝天白云都有了美好的感觉。

2 在画面右上方添加了灿烂的阳光，让人物和花朵都得到照耀，角度刚刚好。

3 在调整图像整体饱和度时，注意避开人物皮肤的调整，否则人物皮肤会偏红，显得不自然。

4 文字采用了竖式排版，正好与右上方较为空白的图像做填补，增强主题和故事性。

图 6-53 本实例的设计构思

素材路径	光盘 / 素材 / 第 6 章 /6.4	实例路径	光盘 / 实例 / 第 6 章

本实例具体的操作步骤如下：

（1）打开素材图像"素材 / 第 6 章 /6.4/ 夏天 .jpg"，如图 6-54 所示，可以看到原始照片构图很漂亮，但整体感觉偏暗，所以首先需要调整照片的明暗度。

（2）选择"图像"→"调整"→"曲线"命令，打开"曲线"对话框，单击曲线上方添加一个节点调整图像高光部分，再单击曲线下方添加一个节点调整图像整体亮度，如图 6-55 所示。

设计点评：

　　照片中人物在画面右侧，但隐藏在花朵背后，使整个画面更加有层次感。天空图像使画面有留白的效果，适合在其中排列文字，实现差异化。

图 6-54　打开素材图像

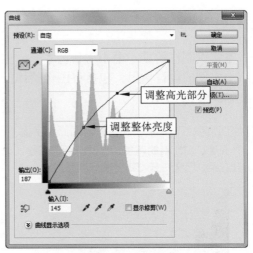

图 6-55　调整曲线

（3）单击"确定"按钮，得到调后的图像效果如图 6-56 所示，可以看到图像明暗度有了明显的改变。

（4）选择"图像"→"调整"→"亮度 / 对比度"，打开"亮度 / 对比度"对话框，调整图像的整体亮度和对比度，设置"亮度"为 35，"对比度"为 –12，如图 6-57 所示。

图 6-56　调整后的图像

图 6-57　调整亮度 / 对比度

（5）单击"确定"按钮，得到调后的图像效果如图 6-58 所示。

（6）下面调整图像的饱和度。为了不影响人物图像，选择套索工具，在属性栏中设置羽化值为 5 像素，将人物的皮肤图像勾选出来，如图 6-59 所示。

图 6-58　图像效果（1）

图 6-59　选择图像

技巧提示：

> 这里为选区使用羽化效果，主要是为了在后期调色时能够让皮肤图像与周边图像颜色自然过渡，让整个画面看起来更加协调。

（7）按下 Shift+Ctrl+I 组合键反选选区，得到除皮肤以外的图像，如图 6-60 所示。

（8）选择"图像"→"调整"→"自然饱和度"命令，打开"自然饱和度"对话框，设置"自然饱和度"为 29，"饱和度"为 26，如图 6-61 所示。

图 6-60　反选选区

图 6-61　调整图像饱和度

（9）单击"确定"按钮，得到增加饱和度后的图像效果如图 6-62 所示。

（10）下面为图像添加太阳光照效果。选择"滤镜"→"渲染"→"镜头光晕"命令，打开"镜头光晕"对话框，在预览框中画面右上角单击选择光源位置，然后选择"镜头类型"为"50-300 毫米变焦"，设置"亮度"为 163%，如图 6-63 所示。

图 6-62　添加图像饱和度

图 6-63　设置镜头光晕

（11）单击"确定"按钮，得到图像的光照效果如图 6-64 所示。

（12）单击"图层"面板底部的"创建新图层"按钮，新建一个图层，选择矩形选框工具在画面右上方绘制一个矩形选区，填充为深蓝色（R54，G110，B167），如图6-65所示。

图6-64　图像效果（2）

图6-65　绘制矩形

（13）选择直排文字工具，在工具箱中设置前景色为深蓝色（R54，G110，B167），在图像右上方输入文字，如图6-66所示。

（14）继续输入其他文字，并适当调整文字大小，文字内容可以根据自己的需求来输入，参照如图6-67所示的样式进行排列。

图6-66　输入文字

图6-67　输入其他文字

技巧提示：

为了使画面更具有设计感，本实例输入的是日文，用户可以在输入法中用鼠标右键单击软键盘图标，选择输入方式为"日文平假名"。

（15）选择画笔工具，单击属性栏中的　按钮，打开"画笔"面板，设置画笔样式为柔角30，"间距"为240%，如图6-68所示。

（16）选择面板左侧的"形状动态"选项，设置"大小抖动"为100%，如图6-69所示。再选择"散布"选项，勾选两轴复选框，然后设置参数为1000%，如图6-70所示。

（17）设置前景色为白色，新建一个图层，使用画笔工具在画面上方绘制出白色光点图像，如图6-71所示，完成本实例的制作。

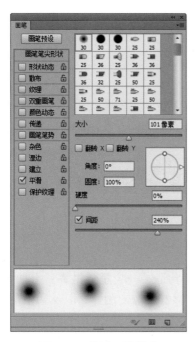

图 6-68　设置画笔样式

图 6-69　设置形状动态选项

图 6-70　设置散布选项

图 6-71　完成效果

6.5　孩子的童话世界

　　一张照片怎样才能变得充满了童话色彩，那就需要对画面进行精细的调整。本实例制作的是"孩子的童话世界"，实例展示效果如图 6-72 和图 6-73 所示。

117

图 6-72　原始照片

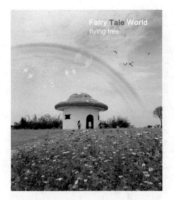

图 6-73　实例效果

设 计 构 思 ：

　　本实例制作的是一个充满童真的风景照，为小孩营造了一个童话世界。下面将分 4 个步骤介绍本实例的设计构思，包括图像色调的调整、彩虹图像的制作，以及文字的添加等，如图 6-74 所示。

1 蘑菇房是画面中的一个亮点，但暗淡的色调并没有将它凸显出来，首先来调整它的明亮度和色彩饱和度，才能让画质得到极大提高。

2 大片的蓝色天空为我们提供了无限想象的空间，在其中添加彩虹元素，极大地展现了童话世界的美好。

3 使用高斯模糊命令和调整不透明度命令制作出更加真实的彩虹图像。

4 为了将童话世界衬托得更加完美，还特意添加了水泡和飞鸟图像，让整个画面更具灵动感。

图 6-74　本实例的设计构思

| 素材路径 | 光盘 / 素材 / 第 6 章 /6.5 | 实例路径 | 光盘 / 实例 / 第 6 章 |

本实例具体的操作步骤如下：

（1）打开素材图像"素材 / 第 6 章 /6.5/ 蘑菇房 .jpg"，如图 6-75 所示，可以看到原始照片的风景相当漂亮，但整体色调灰暗，所以首先需要调整照片的明暗度和饱和度。

（2）按下 Ctrl+J 组合键复制一次图层，得到图层 1，如图 6-76 所示。

（3）选择工具箱中的加深工具 ，在属性栏中设置画笔"大小"为 300，"曝光度"为 50，对天空图像进行涂抹，加深天空图像颜色，如图 6-77 所示。

图 6-75　原始照片　　　　图 6-76　复制图层　　　　图 6-77　加深天空颜色

（4）选择"图层"→"新建调整图层"→"亮度 / 对比度"命令，在弹出的对话框中单击"确定"按钮，进入"属性"面板，设置"亮度"为 39，"对比度"为 12，如图 6-78 所示，适当增加图像整体亮度和对比度。

（5）选择"图层"→"新建调整图层"→"曲线"命令，在"属性"面板中调整曲线，从细节上对图像明暗度再次做调整，如图 6-79 所示，调整后的图像效果如图 6-80 所示。

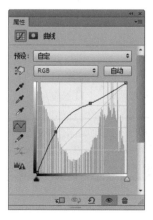

图 6-78　调整亮度和对比度　　　图 6-79　调整曲线　　　　图 6-80　图像效果（1）

技巧提示：

使用调整图层主要是为了便于今后的修改，因为在"图层"面板中会新增一个调整图层，用户可以双击该图层进行重复编辑。

（6）单击"图层"面板底部的"创建新的填充或调整图层"按钮 ，在弹出的菜单中选择"照片滤镜"命令，进入"属性"面板，选择"颜色"后面的色块，设置照片滤镜颜色为天蓝色（R0，G173，B197），"浓度"为15%，如图6-81所示，调整后的图像效果如图6-82所示。

图6-81　设置照片滤镜参数　　　　　　　　图6-82　图像效果（2）

（7）增加图像的整体饱和度，单击"图层"面板底部的"创建新的填充或调整图层"按钮 ，在弹出的菜单中选择"自然饱和度"命令，设置"自然饱和度"为74，"饱和度"为59，如图6-83所示，调整后的图像效果如图6-84所示。

（8）新建一个图层，选择椭圆选框工具，按住Shift键在画面中绘制一个正圆形选区，如图6-85所示。

图6-83　设置自然饱和度参数　　　　图6-84　图像效果（3）　　　　图6-85　绘制圆形选区

（9）选择渐变工具，单击属性栏中的渐变色条，设置渐变样式为"透明彩虹渐变"，将所有色标移动到右侧，如图6-86所示。

（10）在属性栏中单击"径向渐变"按钮 ，在选区中间按住鼠标左键向下拖动，得到彩色环形图像，如图6-87所示。

图 6-86　设置渐变颜色

图 6-87　渐变填充图像

（11）按下 Ctrl+D 组合键取消选区，再选择橡皮擦工具擦除下方部分图像，如图 6-88 所示。

（12）选择"滤镜"→"模糊"→"高斯模糊"命令，打开"高斯模糊"对话框，设置"半径"为 9 像素，如图 6-89 所示。

图 6-88　擦除图像

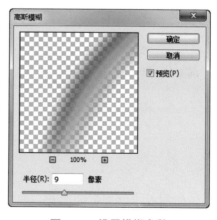

图 6-89　设置模糊参数

（13）单击"确定"按钮，得到模糊图像效果如图 6-90 所示。

（14）按下 Ctrl+T 组合键适当放大图像，然后再调整该图层的不透明度为 37%，图像效果如图 6-91 所示。

（15）选择横排文字工具，在画面右上方输入文字，并填充为白色和蓝色（R26，G131，B210），参照如图 6-92 所示的样式排列。

（16）打开素材图像"素材 / 第 6 章 / 飞鸟和水泡 .psd"，使用移动工具分别将素材图像拖曳到当前编辑的图像中，将水泡和飞鸟图像放到彩虹图像的两侧，如图 6-93 所示，完成本实例的操作。

图 6-90　图像效果（4）

图 6-91　图像效果（5）

图 6-92　添加文字

图 6-93　完成效果

6.6　风车转啊转

　　现在人们都有很多宝贝的照片，但往往画面都太过单一，如何才能让画面显得更加丰富呢？

　　将宝宝的照片制作成杂志封面或内页的形式，这种设计方式能够让简单的画面顿时显得饱满，而照片中素材和文字的添加都需要根据整个画面的构图来进行排版设计。

　　本实例制作的是一个杂志封面，实例展示效果如图 6-94 所示。

设计构思：

　　本实例主要是将一张普通的照片制作成杂志封面的效果。

图 6-94　实例效果

下面将分 4 个步骤介绍本实例的设计构思，包括画面的主要构图特点、文字在画面中的位置等，如图 6-95 所示。

1 从画面中可以看到，人物图像整体靠下，而画面上方则留有大量空白，所以需要在上方输入较粗的文字来取得版式上的平衡。

2 单一的文字效果往往会显得比较单薄，所以需要为它增加一些特殊效果。为文字描边是常用的手法之一，再加上一些装饰图像会更加丰富。

3 在画面中添加实心图像并输入文字能够让版式显得更加有变化。

4 文字大小不一的错落排列让画面显得更加有层次感。

图 6-95 本实例的设计构思

素材路径	光盘 / 素材 / 第 6 章 /6.6	实例路径	光盘 / 实例 / 第 6 章

本实例具体的操作步骤如下：

（1）选择"文件"→"新建"命令，打开"新建"对话框，设置文件名称为"风车转啊转"，"宽度"和"高度"分别为 33 厘米和 51 厘米，分辨率为 72 像素 / 英寸。打开素材图像"素材 / 第 6 章 /6.6/ 童年 .jpg"，使用移动工具将其拖曳到当前编辑的图像中，适当调整图像

大小，放到画面正中间，如图 6-96 所示。

（2）选择横排文字工具，在画面中输入一行英文文字，并在属性栏中设置字体为方正超粗黑简体，填充为洋红色（R221，G12，B115），适当调整文字大小，放到人物图像上方，如图 6-97 所示。

图 6-96　添加素材图像（1）

图 6-97　添加素材图像（2）

（3）选择"图层"→"图层样式"→"描边"命令，打开"图层样式"对话框，设置描边"颜色"为白色，"大小"为 8，再选择"位置"为"外部"，如图 6-98 所示。

（4）单击"确定"按钮，得到文字的描边效果如图 6-99 所示。

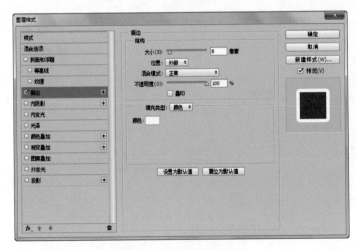

图 6-98　设置描边效果

图 6-99　文字描边效果

（5）打开素材图像"素材 / 第 6 章 /6.6/ 兔子 .psd"，使用移动工具将其拖曳到当前编辑的图像中，适当调整图像大小，放到文字上方，如图 6-100 所示。

（6）选择横排文字工具，在英文文字上方输入"甜心宝贝"，在属性栏中设置字体为方正卡通简体，填充为洋红色（R221，G12，B115），然后适当旋转文字，如图 6-101 所示。

图 6-100　添加卡通图像

图 6-101　输入文字

（7）选择英文文字图层，在"图层"面板中右击，在弹出的快捷菜单中选择"拷贝图层样式"命令，如图 6-102 所示。

（8）选择"甜心宝贝"文字图层，在"图层"面板中右击，在弹出的快捷菜单中选择"粘贴图层样式"命令，得到文字的描边效果，如图 6-103 所示。

图 6-102　拷贝图层样式

图 6-103　粘贴图层样式

（9）新建一个图层，选择矩形选框工具在英文文字右下方绘制一个矩形选区，填充为洋红色（R221，G12，B115），并在其中输入文字，在属性栏中设置字体为黑体，填充为白色，如图 6-104 所示。

（10）打开图像"素材 / 第 6 章 /6.6/ 小孩 .jpg"，将图像放到画面右侧并缩小图像，效果如图 6-105 所示。

（11）使用与之前两步相同的方法复制图层样式并粘贴，使人物图像得到描边效果，如图 6-106 所示。

（12）选择横排文字工具，在画面两侧输入文字，分别填充为洋红色和黑色，并为文字描边，参照如图 6-107所示的样式排列。

图 6-104　绘制图像

125

图 6-105　添加素材图像（3）

图 6-106　为图像描边

图 6-107　输入其他文字

（13）新建一个图层，选择自定形状工具，在属性栏中单击"形状"右侧的三角形按钮，在弹出的面板中选择"五角星"形状，在图像中绘制出该图形，填充为蓝色（R103，G224，B205），如图 6-108 所示。

（14）单击该图层，载入图像选区，选择"选择"→"变换选区"命令，适当缩小并旋转选区，确定后按 Del 键删除选区中的图像并放到画面右侧文字下方，如图 6-109 所示。

（15）新建一个图层，选择矩形选框工具绘制一个矩形选区，填充为洋红色（R221，G12，B115），然后适当旋转图像，放到画面下方，并在其中输入文字，填充为白色，如图 6-110 所示。

图 6-108　绘制"五角星"

（16）新建一个图层，选择椭圆选框工具，按住 Shift 键，在画面底部的洋红色矩形左侧绘制一个圆形选区，并填充为白色，然后在其中输入文字"最新"，填充为洋红色，如图 6-111 所示，完成本实例的制作。

图 6-109　输入其他文字

图 6-110　绘制矩形

图 6-111　制作圆形图像

第 7 章 制作创意图像

摄影来源于生活，它是对生活的艺术化再现。好的摄影作品，除了摄影师的拍摄和构图技巧外，还需要设计师对照片的后期修图设计。设计师在摄影作品上大胆尝试各种创作，会为照片增添别样的艺术效果。

如今，越来越多的设计师在摄影与平面设计的跨界领域发挥创意，表达自己的想法，当平面设计运用到摄影作品中就产生了不可思议的"化学"反应。

创意不会凭空而出，通常都要设计师多看、多想，才能拥有更多的思路，让自己的创意爆棚。

【本章实例展示】

7.1 运用创意得到奇妙组合

1. 设计张力的表现

平面作品的张力表现一直是摄影师悉心钻研的课题。在人像摄影中，人物肢体语言的夸张表达，身体自然美感的尽情释放，甚至一些非常规的造型姿态都是常见的表现形式。除了原始的摄影外，平面设计师还可以通过点、线、面的运用在设计上搭建一张网——捕捉视线的网，如图 7-1 所示。

2. 边框的妙用

线条看似简单、无趣，实则很有用。由线条组成的边框能够让简单的人物图像显得活跃，是非常值得回味的设计利器。《美国国家地理》杂志的封面之所以能够让人记忆深刻，就是因为它有一个明亮的黄色边框，这也成为烙印在设计师心中的一个显著标志，如图 7-2 所示。

图 7-1 光与影的设计

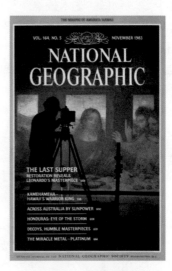

图 7-2 边框的妙用

在人像摄影后期处理中，往往使用几条细线和字母就能令整个画面层次鲜明、特点突出。

3. 营造复古风格

使用几何图形，如直线、正方形、圆形、三角形等元素来表现画面，通过颜色叠加，不仅可以营造出一种复古感，还有一种抽象美。

4. 提高视觉吸引力

每个设计师都想让自己的作品有吸引力，做到这一点只需遵循 4 个原则：相近、对齐、重复和对比。

相近：将相关的项目组合在一起，使它们看起来彼此靠近，当人们看到这些相关项目时就会觉得它们是一体的。图片版面会变得有条理，设计上的"留白"也不会显得毫无组织。

对齐：图片版面上的所有项目不能只是随意放置，必须与其他项目有视觉上的关联。居中对齐图像效果如图7-3所示。

重复：重复的元素可以是线条、文字、颜色，或者某个符号等。重复有助于让信息条理井然，营造出精致且一致的风格，引导人们浏览内容，使图片设计中迥然不同的部分维持和谐。

对比：为图像中各种不同的元素创造对比，可以吸引人们的目光。对比是设计原则中最有趣且最富变化的原则。

图7-3 居中对齐图像效果

7.2 全速前进

有时候，多看比多想更重要，这是很多设计师都明白的道理。对于充满创意的图像设计，需要丰富的思维，如人物与植物的组合，看似简单，但需要找到合适的素材，合适的创意，才能够制作出非常震撼的效果。

本实例制作的是一个创意图像"全速前进"，实例展示效果如图7-4所示。

图7-4 实例效果

设计构思：

本实例制作的是一个创意图像，画面充满了运动感。下面将分4个步骤介绍本实例的设计构思，包括人物素材的选择、整体排版布局、运动效果和雨滴制作等，如图7-5所示。

1 蓝天白云正是运动的好天气，通过渐变填充和手绘图像能够得到蓝天白云的效果。

2 雨滴的落下本身就带有运动感，这里添加雨滴除了丰富画面外，还能够烘托图中的运动气氛。

3 倾斜落下的雨滴形成清晰的线条，与前进的方式一致，韵律感十足。

4 画面主题为全速前进，充满运动感，所以人物的选择上也应符合主题。

图 7-5　本实例的设计构思

素材路径	光盘 / 素材 / 第 7 章 /7.2	实例路径	光盘 / 实例 / 第 7 章

　　本实例具体的操作步骤如下：

　　（1）选择"文件"→"新建"命令，打开"新建"对话框，设置"宽度"和"高度"为 33 厘米和 22 厘米，分辨率为 300 像素 / 英寸，如图 7-6 所示。单击"确定"按钮，得到一个新建的图像文件。

　　（2）新建一个图层，选择渐变工具，单击属性栏中的渐变色条，打开"渐变编辑器"对话框，设置渐变颜色从深蓝色（R26，G53，B132）到天蓝色（R50，G164，B200），如图 7-7 所示。

　　（3）单击属性栏中的"线性渐变"按钮，在图像中按住鼠标左键从上到下拖动，得到线性渐变填充，如图 7-8 所示。

　　（4）选择画笔工具，在属性栏中选择画笔为柔边圆，大小为 300 像素，如图 7-9 所示。

　　（5）设置前景色为白色，在图像中绘制出白云图像，在绘制过程中可以按下"["和"]"键调整画笔大小，绘制的白云图像如图 7-10 所示。

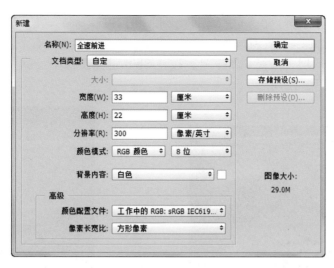

图 7-6　新建文件

图 7-7　设置渐变颜色

图 7-8　渐变填充图像

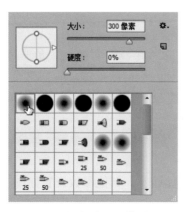

图 7-9　添加素材图像（1）

图 7-10　绘制白云图像

（6）打开图像"素材/第7章/7.2/水.psd"和"树叶.psd"，使用移动工具将水图像拖曳到当前编辑的图像中，放到画面左下方，将树叶图像放到画面右下方，如图7-11所示。

（7）新建一个图层，选择套索工具，按住Shift键在图像中绘制一条雨滴图像选区，并填充为白色，如图7-12所示。

图7-11　添加素材图像（2）

图7-12　绘制雨滴图像

（8）选择"图层"→"图层样式"→"斜面和浮雕"命令，打开"图层样式"对话框，设置"样式"为"内斜面"，然后设置各项参数，如图7-13所示。

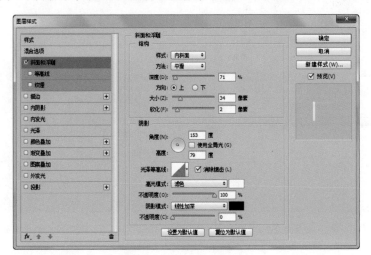

图7-13　设置斜面与浮雕

（9）在"图层样式"对话框中选择"等高线"样式，单击等高线右侧的三角形按钮，在弹出的面板中选择"半圆"样式，如图7-14所示。

（10）选择"内阴影"样式，设置混合模式为"变暗"，内阴影颜色为蓝色（R67，G127，B179），再设置其他参数，如图7-15所示。

（11）选择"内发光"选项，设置内发光颜色为黑色，然后设置其他参数，如图7-16所示。

（12）选择"光泽"选项，设置"混合模式"为"颜色减淡"，其他参数设置如图7-17所示。

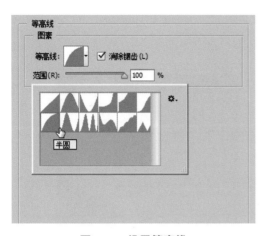

图 7-14　设置等高线

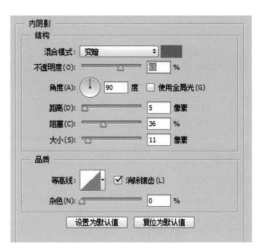

图 7-15　设置内阴影

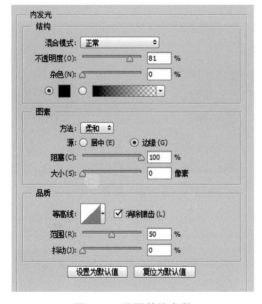

图 7-16　设置其他参数

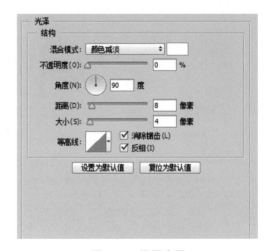

图 7-17　设置光泽

（13）选择"投影"选项，设置投影颜色为蓝色（R77，G141，B197），然后设置其他参数，如图 7-18 所示。

（14）单击"确定"按钮，得到如图 7-19 所示的水滴效果。

（15）在"图层"面板中设置"填充"为 40%，不透明度为 55%，图像效果如图 7-20 所示。

（16）复制多个水滴图像，适当调整图像大小和位置，参照如图 7-21 所示的样式排列，得到雨水图像效果。

（17）选择所有的水滴图像所在图层，按下 Ctrl+E 组合键合并图层，并将图层重命名为"雨水"，图像效果如图 7-22 所示。

（18）按下 Ctrl+T 组合键适当旋转图像，得到倾斜的雨水图像效果如图 7-23 所示。

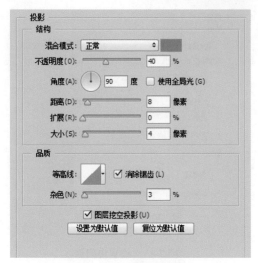

图 7-18　设置投影选项

图 7-19　水滴效果

图 7-20　图像透明效果

图 7-21　雨水图像

图 7-22　合并图层

图 7-23　旋转图像

（19）打开图像"素材 / 第 7 章 /7.2/ 运动 .psd"，使用移动工具将人物图像拖曳到当前编辑的图像中，放到画面右侧，效果如图 7-24 所示。

（20）单击"图层"面板底部的"添加图层蒙版"按钮 ，设置前景色为黑色，背景色为白色，使用画笔工具对人物图像背景进行涂抹，隐藏背景图像，只保留人物图像，如图 7-25 所示。

图 7-24　添加素材图像

图 7-25　隐藏人物背景图像

（21）将人物图像放到树叶图像中，按下 Ctrl+T 组合键适当旋转图像，将其调整到适合树叶的倾斜度，如图 7-26 所示。

（22）打开图像"素材 / 第 7 章 /7.2/ 月亮 .psd"，使用移动工具将该图像拖曳到当前编辑的图像中，放到画面左上方，设置图层混合模式为"滤色"，效果如图 7-27 所示，完成本实例的制作。

图 7-26　调整人物倾斜图

图 7-27　添加月亮图像

7.3　西部牛仔

线条可以表现为边框线，也可以表现为隐约的地图。运用曲线的地图标记与人物遥相呼应，让整个画面充满设计感，同时带出了时代感。现代的人物与吉普车、带皮纹的背景形成了现代与古典、柔美与刚毅、迅速与缓慢、稳重与轻盈的视觉反差。

本实例制作的是一个西部牛仔图，实例展示效果如图 7-28 所示。

设计构思：

图 7-28　实例效果

本实例制作的是一个充满年代感的西部牛仔图，画面非常大气。下面将分 4 个步骤介

绍本实例的设计构思，包括年代感的设计、地图的运用等，如图 7-29 所示。

1 一张有质感的背景，配上黄色调就能让画面充满年代感。

2 好的设计通常需要选择适合的素材图像，大幅地图作为背景，不仅表现出复古感，还有一种抽象美。

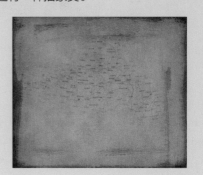

3 让文字与曲线形成线段式的图像，设计出富有变化的地图，充满了线条的美感。

4 人物和吉普车的排列方式看似随意，但又不失深刻的表达，完美的结合，构成西部牛仔的感觉。

图 7-29　本实例的设计构思

素材路径	光盘 / 素材 / 第 7 章 /7.3	实例路径	光盘 / 实例 / 第 7 章

本实例具体的操作步骤如下：

（1）选择"文件"→"新建"命令，打开"新建"对话框，设置"名称"为"西部牛仔"，"宽度"和"高度"为 35 厘米和 30 厘米，分辨率为 200 像素 / 英寸，如图 7-30 所示。单击"确定"按钮，得到一个新建的图像文件。

（2）新建一个图层，设置前景色为土黄色（R236，G203，B135），按下 Alt+Del 组合键填充背景，如图 7-31 所示。

（3）选择画笔工具，在属性栏中打开"画笔预设"面板，选择画笔样式为"喷溅"，"大小"为 450 像素，再设置"模式"为"溶解"，"不透明度"为 54%，"流量"为 10%，如图 7-32 所示。

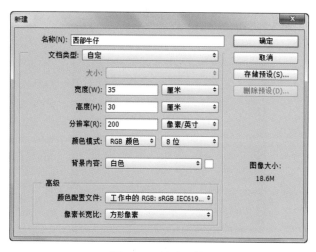

图 7-30　新建图像

图 7-31　填充背景

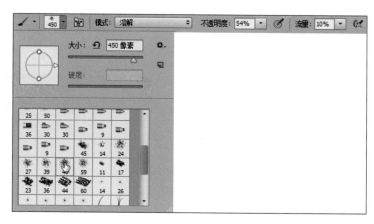

图 7-32　设置画笔样式

（4）设置前景色为土红色（R122，G40，B19），使用画笔工具在图像四周绘制边框，绘制过程中适当调整画笔大小和透明度，效果如图 7-33 所示。

（5）打开图像"素材 / 第 7 章 /7.3/ 地图 .psd"，使用移动工具将该图像拖曳到当前编辑的图像中，放到画面中间，如图 7-34 所示。

图 7-33　绘制边框

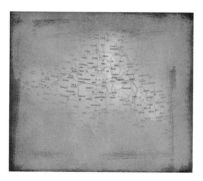

图 7-34　添加地图

137

（6）"图层"面板中将自动生成一个新的图层，设置该图层混合模式为"颜色加深"，如图 7-35 所示，得到的效果如图 7-36 所示。

图 7-35　设置图层混合模式

图 7-36　图像效果（1）

（7）打开图像"素材 / 第 7 章 /7.3/ 汽车 .psd"，使用移动工具将其拖曳到当前编辑的图像中，放到画面下方，如图 7-37 所示。

（8）设置汽车图像所在图层的混合模式为"正片叠底"，图像效果如图 7-38 所示。

图 7-37　添加汽车图像

图 7-38　图像效果（2）

（9）新建一个图层，设置前景色为黑色，使用画笔工具，在属性栏中设置画笔样式为"柔角"，"大小"为 200 像素，在图像上方绘制黑色图像，图像效果如图 7-39 所示。

（10）在"图层"面板中设置该图层的混合模式为"叠加"，得到的图像效果如图 7-40 所示。

图 7-39　绘制黑色图像

图 7-40　图像效果（3）

（11）打开图像"素材/第7章/7.3/线路图.psd"，使用移动工具将其拖曳到当前编辑的图像中，放到画面上方，设置该图像的图层混合模式为"线性加深"，如图7-41所示。

（12）打开图像"素材/第7章/7.3/美女模特.jpg"，使用移动工具将其拖曳到当前编辑的图像中，放到画面中间，如图7-42所示。

图 7-41 线性加深

图 7-42 图像效果（4）

（13）单击"图层"面板中的"添加图层蒙版"按钮 ，使用画笔工具对图像背景进行涂抹，隐藏背景图像，如图7-43所示。

（14）设置该图层的混合模式为"正片叠底"，得到的图像效果如图7-44所示。

图 7-43 隐藏图像背景

图 7-44 图像效果（5）

（15）按下Ctrl+J组合键复制一次人物图层，设置该图层的混合模式为"正常"，"不透明度"为47%，如图7-45所示。

（16）选择"图像"→"新建调整图层"→"亮度/对比度"命令，打开"新建图层"对话框，默认设置后单击"确定"按钮，如图7-46所示。

图 7-45 设置图层属性

图 7-46 新建调整图层

（17）进入"属性"面板,设置"亮度"为27,如图7-47所示,这时图像效果如图7-48所示。

图7-47　增加图像亮度

图7-48　图像效果（6）

（18）选择横排文字工具,在图像下方输入一行英文文字,并在属性栏中设置字体为方正大黑宋体,填充为白色,如图7-49所示。

（19）在"图层"面板中设置图层"不透明度"为23%,得到透明文字效果如图7-50所示,完成本实例的制作。

图7-49　添加文字

图7-50　完成效果

7.4　花团锦簇

　　繁花盛放永远是女性拍摄经典的主题,"花"作为从初春到盛夏不可或缺的元素,尤其受到拍摄者的喜爱。丰富的色彩、多变的形式、美好的寓意都让花朵成为最具人气的创意添加元素。

　　本实例制作的是一个花团锦簇的美女混合照,实例展示效果如图7-51所示。

设计构思:

　　本实例制作的是一个美女混合照,整个画面除了人物以外,主要以边框和花朵为主。下面将分4个步骤介绍本实例的设计构思,包括人物画面的位置、整体排版布局、素材和文字的运用等,

图7-51　实例效果

如图 7-52 所示。

1 从版面设计上看，当多张图像排列时，可以适当倾斜排列画面，会让版面更具观赏性，也显得更活跃。

2 线条边框能给人一种抽象感，运用到人物图像中更能突出图像，用图形表达出画面节奏、情绪等内容。

3 层叠堆放图像，更能让画面显得有层次感，丰富的视觉感受。

4 添加多个花朵图像，正好对应主题，花团锦簇，丰富画面效果。

图 7-52　本实例的设计构思

素材路径	光盘 / 素材 / 第 7 章 /7.4	实例路径	光盘 / 实例 / 第 7 章

本实例具体的操作步骤如下：

（1）选择"文件"→"新建"命令，打开"新建"对话框，设置"名称"为"花团锦簇"，"宽度"和"高度"为 25 厘米和 40 厘米，分辨率为 150 像素 / 英寸，如图 7-53 所示。单击"确定"按钮，得到一个新建的图像文件。

（2）打开图像"素材 / 第 7 章 /7.4/ 素雅背景 .jpg"，使用移动工具将其拖曳到当前编辑的图像中，适当调整图像大小，使其布满整个画面，如图 7-54 所示。

（3）打开图像"素材 / 第 7 章 /7.4/ 花瓣 .jpg"，使用移动工具将其拖曳到当前编辑的图像中，适当调整图像大小，放到画面中间，如图 7-55 所示。

（4）打开图像"素材 / 第 7 章 /7.4/ 气质美女 1.jpg"，使用移动工具将其拖曳到当前编辑的图像中，按下 Ctrl+T 组合键适当旋转图像，放到画面上方，如图 7-56 所示。

（5）新建一个图层，选择多边形套索工具在人物图像周围绘制一个矩形选区，将选区填充为白色，这时白色矩形将遮盖住人物图像，如图 7-57 所示。

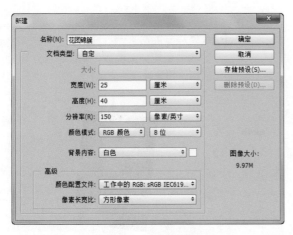

图 7-53 新建图像

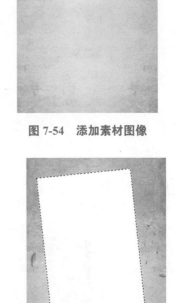

图 7-54 添加素材图像

图 7-55 添加花瓣图像

图 7-56 添加人物图像

图 7-57 绘制白色选区

（6）保持选区状态，选择"选择"→"变换选区"命令，这时选区周围出现一个变换框，按住 Shift+Ctrl 组合键，中心缩小选区，如图 7-58 所示。

（7）按下 Enter 键确定变换，再按下 Del 键删除选区中的图像，得到白色边框，同时显示下一层人物图像，如图 7-59 所示。

（8）新建一个图层，并将其放到图像所在图层下方。选择钢笔工具，沿着白色边框外轮廓绘制一个较大一些的图形，如图 7-60 所示。

（9）按下 Ctrl+Enter 组合键将路径转换为选区，选择"选择"→"修改"→"羽化"命令，打开"羽化"对话框，设置羽化半径为 2 像素，如图 7-61 所示。

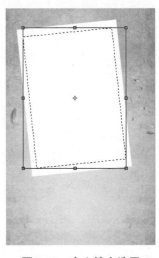

图 7-58 中心缩小选区

图 7-59　删除选区中的图像　　　　图 7-60　绘制图形　　　　　　图 7-61　羽化选区

（10）单击"确定"按钮，得到羽化选区，将其填充为黑色，得到边框的立体投影效果，如图 7-62 所示。

（11）打开图像"素材 / 第 7 章 /7.4/ 气质美女 2.psd"，使用移动工具分别将其拖曳到当前编辑的图像中，适当调整图像大小，参照如图 7-63 所示的方式排列图像。

（12）使用多边形套索工具分别为人物图像绘制出边框，并使用钢笔工具绘制出投影图像，效果如图 7-64 所示。

图 7-62　边框立体效果　　　　　图 7-63　排列图像　　　　　　图 7-64　绘制边框

（13）打开图像"素材 / 第 7 章 /7.4/ 花朵 1.psd"，使用移动工具将其拖曳到当前编辑的图像中，放到画面左下方，效果如图 7-65 所示。

（14）在"图层"面板中设置该图层的"不透明度"为 80%，略微降低图像不透明度，再打开图像"素材 / 第 7 章 /7.4/ 花朵 2.psd"，将其拖曳到当前编辑的图像中，放到画面右上方，如图 7-66 所示。

（15）打开图像"素材 / 第 7 章 /7.4/ 花朵 3.psd"，使用移动工具分别将花朵图像拖曳到当前编辑的图像中，适当调整花朵图像位置，参照如图 7-67 所示的方式进行排列。

图 7-65　添加紫色花朵

图 7-66　添加蓝色花朵

图 7-67　添加其他花朵图像

（16）按下 Alt+Ctrl+Shift+E 组合键，这时在"图层"面板中将得到一个盖印图层，如图 7-68 所示。

技巧提示：

> 这里在排列花朵图像的时候，部分花朵可以在"图层"面板中适当降低花朵图像的不透明度，让图像显得更有层次。

（17）选择"滤镜"→"渲染"→"镜头光晕"命令，打开"镜头光晕"对话框，选择"镜头类型"为"35 毫米聚焦"，确定光照点在最大人物图像左上方，再设置"亮度"为 150，如图 7-69 所示。

图 7-68　得到盖印图层

图 7-69　设置镜头光晕参数

（18）单击"确定"按钮，得到镜头光晕图像效果，如图 7-70 所示。

（19）打开图像"素材 / 第 7 章 /7.4/ 光点 .psd"，使用移动工具将其拖曳到当前编辑的图像中，放到左下方的人物图像头顶，并在属性栏中设置该图层混合模式为"滤色"，效果如图 7-71 所示，完成本实例的制作。

图 7-70　图像效果　　　　　　　图 7-71　完成效果

7.5　我的魔法盒

对于一张完全用人物和其他素材合成的画面来说，构图是非常重要的。图像构图饱满、色彩丰富，能够增加图像的观赏性。而好的创意才能表达出设计师的思想，它能够代替设计师说出他们的内心世界。

本实例制作的是一个带有魔幻效果的图像"我的魔法盒"，实例展示效果如图 7-72 所示。

图 7-72　实例效果

设计构思：

本实例制作的是一个魔法盒图像，画面中的素材图像较多。下面将分两个步骤介绍本实例的设计构思，包括人物画面的位置、整体排版布局等，如图 7-73 所示。

1 将人物图像放到画面最底部，上面留出了大量的空白，是为了在今后的素材添加时为设计师留出大量的可操作空间。

2 为盒子添加烟雾和炫光效果，更能增强画面中的魔幻感，而人物头顶的星空图像则有一种奇思妙想的境界感。

图 7-73　本实例的设计构思

素材路径	光盘 / 素材 / 第 7 章 /7.5	实例路径	光盘 / 实例 / 第 7 章

本实例具体的操作步骤如下：

（1）选择"文件"→"新建"命令，打开"新建"对话框，设置"宽度"和"高度"为 30 厘米和 40 厘米，分辨率为 200 像素 / 英寸，如图 7-74 所示。单击"确定"按钮，得到一个新建的图像文件。

（2）设置前景色为粉紫色（R255，G186，B237），按下 Alt+Del 组合键填充背景，如图 7-75 所示。

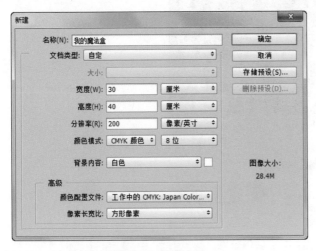

图 7-74　新建文件

图 7-75　设置前景色

（3）打开图像"素材 / 第 7 章 /7.5/ 礼盒 .jpg"，使用移动工具将其拖曳到当前编辑的图像中，放到画面下方，如图 7-76 所示。

（4）单击"图层"面板中的"添加图层蒙版"按钮 ⬚，设置前景色为黑色，背景色为白色，使用画笔工具对人物图像的背景图像进行涂抹，隐藏部分图像，同时将礼盒的上半部分也进行隐藏，效果如图 7-77 所示。

（5）打开图像"素材 / 第 7 章 /7.5/ 天空 .jpg"，使用移动工具将其拖曳到当前编辑的图像中，放到画面下方，如图 7-78 所示。

图 7-76　添加素材图像

图 7-77　隐藏背景图像

图 7-78　添加素材图像（2）

（6）选择橡皮擦工具，在属性栏中设置画笔为柔角，大小为 200 像素，擦除天空图像底部，使天空图像与背景自然融合，如图 7-79 所示。

（7）打开图像"素材 / 第 7 章 /7.5/ 星空 .psd"，使用移动工具将其拖曳到当前编辑的图像中，放到人物图像右侧，如图 7-80 所示。

（8）在"图层"面板中设置该图层的混合模式为"颜色减淡"，图像效果如图 7-81 所示。

图 7-79　擦除天空图像底部

图 7-80　添加星空图像

图 7-81　图像效果

（9）打开图像"素材 / 第 7 章 /7.5/ 轻烟 .psd"，使用移动工具将其拖曳到当前编辑的图像中，适当调整图像大小，放到礼盒图像上方，如图 7-82 所示。

（10）打开图像"素材 / 第 7 章 /7.5/ 黑色 .psd"和"星光图像 .psd"，使用移动工具分别将其拖曳到当前编辑的图像中，适当调整图像大小，放到礼盒与轻烟图像的交接处，如图 7-83 所示。

图 7-82　添加轻烟图像　　　　　　　图 7-83　添加黑色图像

（11）在"图层"面板中设置"黑色"图像所在图层的混合模式为"划分"，"星光图像"的图层混合模式为"滤色"，得到礼盒口周围的光圈效果，如图 7-84 所示。

（12）打开图像"素材 / 第 7 章 /7.5/ 热气球 .psd"，使用移动工具将其拖曳到当前编辑的图像中，按下 Ctrl+T 组合键适当调整图像大小，如图 7-85 所示。

图 7-84　制作光圈效果　　　　　　　图 7-85　添加气球图像

（13）打开图像"素材 / 第 7 章 /7.5/ 精灵 .psd"，使用移动工具分别将其拖曳到当前编辑的图像中，适当调整图像大小和方向，放到图像上方，如图 7-86 所示。

（14）选择画笔工具，在属性栏中单击"切换到画笔面板"按钮，打开"画笔"面板，设置画笔为"柔角"，"大小"为 20 像素，"间距"为 100%，如图 7-87 所示。

（15）选择"形状动态"选项，设置"大小抖动"为 100%，如图 7-88 所示。再选择"散布"选项，设置散布参数为 420%，"数量"为 2，如图 7-89 所示。

图 7-86　添加精灵图像

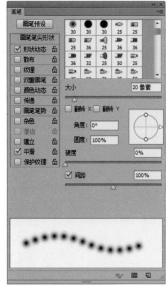

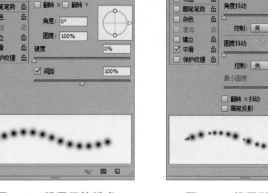

图 7-87　设置画笔样式　　　　　图 7-88　设置形状动态　　　　　图 7-89　设置散布选项

（16）设置前景色为玫红色（R239，G91，B161），在左侧的精灵图像中绘制玫红色圆点图像，如图 7-90 所示。

（17）设置前景色为黄色（R251，G209，B3），使用画笔工具在右侧的精灵图像中绘制黄色圆点图像，如图 7-91 所示，完成本实例的制作。

图 7-90　绘制玫红色圆点　　　　　　　　　图 7-91　绘制黄色圆点

7.6　燃烧吧！少年！

一张普通的人物照片要怎样才能起到最好的效果呢？除了调整图像本身的色调外，还可以对它添加各种特殊效果，甚至与其他图像合成，设计出奇妙的魔幻效果。

本实例制作的是一张合成图像，运用火焰、圆球与人物图像完美合成，实例展示效果如图 7-92 所示。

图 7-92　实例效果

设计构思:

　　本实例制作的是一个少年合成图像,画面非常具有视觉感。下面将分两个步骤介绍本实例的设计构思,包括人物画面的位置、整体排版布局、素材和文字的运用等,如图 7-93 所示。

1 将黑色的背景与燃烧的火焰组合在一起,从色调上形成了明显的对比。

2 让几个明亮的圆球与人物的动作结合起来,自然地形成一个整体,让创意随之一起燃烧。

图 7-93　本实例的设计构思

素材路径	光盘 / 素材 / 第 7 章 /7.6	实例路径	光盘 / 实例 / 第 7 章

　　本实例具体的操作步骤如下:

（1）选择"文件"→"新建"命令，打开"新建"对话框，设置"宽度"和"高度"为 67 厘米和 80 厘米，分辨率为 72 像素 / 英寸，如图 7-94 所示。单击"确定"按钮，得到一个新建的图像文件。

（2）将背景填充为黑色，然后打开图像"素材 / 第 7 章 /7.6/ 手掌 .psd"，使用移动工具将其拖曳到当前编辑的图像中，放到画面下方，如图 7-95 所示，"图层"面板中将自动生成图层 1。

图 7-94　新建文件

图 7-95　添加手掌图像

（3）选择套索工具，在手掌大拇指图像周围绘制一个选区，如图 7-96 所示。

（4）选择"选择"→"修改"→"羽化"命令，打开"羽化选区"对话框，设置"羽化半径"为 5 像素，如图 7-97 所示。

（5）单击"确定"按钮，得到羽化选区，按下 Ctrl+J 组合键复制选区中的图像，得到一个新的图层，如图 7-98 所示。

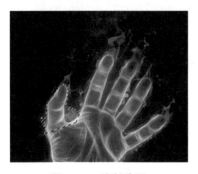

图 7-96　绘制选区

图 7-97　设置羽化半径

图 7-98　得到新的图层

（6）打开图像"素材 / 第 7 章 /7.6/ 燃烧的书 .psd"，使用移动工具将其拖曳到当前编辑的图像中，适当调整大小，放到手掌图像上方，让手掌托住书本，如图 7-99 所示，这时"图层"面板中将自动生成图层 3。

（7）在"图层"面板中按住图层 3 拖动到图层 2 的下方，交换这两个图层位置，如图 7-100 所示，这时得到的图像效果如图 7-101 所示。

图 7-99 添加素材图像（1）

图 7-100 交换图层

图 7-101 图像效果（1）

（8）打开图像"素材／第 7 章 /7.6/ 少年 .psd"，使用移动工具将其拖曳到当前编辑的图像中，适当调整大小，放到燃烧的书上方，如图 7-102 所示。

（9）选择"图层"→"图层蒙版"→"显示全部"命令，添加图层蒙版。选择画笔工具，在属性栏中设置画笔样式为柔角，"大小"为 300，"不透明度"为 50%，对人物下方脚部图像进行涂抹，使脚部图像显得半透明，如图 7-103 所示。

图 7-102 添加素材图像（2）

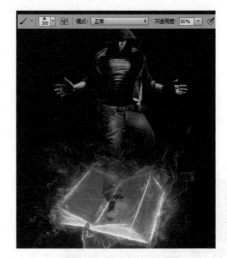

图 7-103 添加图层蒙版

（10）打开图像"素材／第 7 章 /7.6/ 火球 .jpg"，使用移动工具将其拖曳到当前编辑的图像中，放到人物图像双手之间，如图 7-104 所示。

（11）在"图层"面板中设置该图层的混合模式为"变亮"，将图片中的火球位置调整到人物肚子中间，如图 7-105 所示。

（12）按下 Ctrl+J 组合键复制一次火球图像，适当缩小图像，将其放到人物右侧手部图像中，如图 7-106 所示。

（13）再次复制火球图像，使用移动工具将其放到人物左侧手部图像中，如图 7-107 所示。

图 7-104 添加素材图像（3）

图 7-105 设置图层混合模式

图 7-106 复制并缩小图像

图 7-107 再次复制图像

（14）新建一个图层，将其放到火球图像所在图层下方，并重命名为"光晕"，如图 7-108 所示。

（15）设置前景色为橘黄色（R251，G209，B3），选择画笔工具，在属性栏中设置画笔为柔角，"大小"为 200 像素，"不透明度"为 40%，在圆形图像周围进行涂抹，包括人物的面部、胸部、腿部，让火球有光晕效果，如图 7-109 所示。

（16）新建一个图层，选择画笔工具，在属性栏中打开"画笔"面板，设置画笔样式为柔角，设置"大小"为 30 像素，"间距"为 162%，如图 7-110 所示。

（17）选择"形状动态"选项，设置"大小抖动"为 100%，如图 7-111 所示。再选择"散布"选项，设置"散布"参数为 420%，如图 7-112 所示。

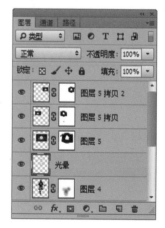

图 7-108 添加新图层

图 7-109 制作光晕

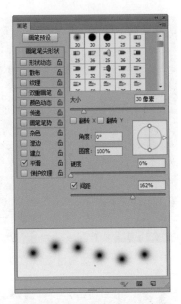

图 7-110 设置画笔大小和间距

图 7-111 设置形状动态

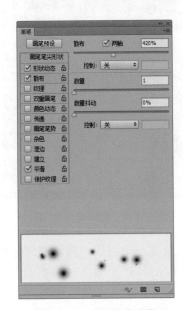

图 7-112 设置散布参数

（18）设置前景色为橘黄色（R251，G209，B3），使用画笔工具在火球中间绘制一条连接三个火球的圆点光带，如图 7-113 所示。

（19）设置前景色为白色，使用画笔工具继续在火球中间绘制一条白色圆点光带，如图 7-114 所示。

（20）选择"图层"→"新建调整图层"→"色彩平衡"命令,在弹出的对话框中默认设置,进入"属性"面板，设置参数分别为 32，0，–55，如图 7-115 所示，这时得到的图像效果如图 7-116 所示。

图 7-113 绘制黄色圆点

图 7-114 绘制白色圆点

图 7-115 设置"色彩平衡"参数

图 7-116 图像效果（2）

（21）新建一个图层，设置前景色为白色，选择画笔工具，在属性栏中设置画笔"大小"为500 像素，"不透明度"为 50%，在三个火球中绘制半透明白色图像，得到的效果如图 7-117 所示。

（22）在"图层"面板中设置图层混合模式为"柔光"，增强图像明亮度，效果如图 7-118所示，完成本实例的制作。

图 7-117 绘制白色图像

图 7-118 完成效果

第 8 章　制作照片特效

【 本章实例展示 】

8.1 时尚照片的后期制作

对于一张成功的时尚照片来说，摄影与造型师非常重要，同时后期创意对提高片子的时尚度也是同样重要，后期能使一张平凡的照片紧跟潮流，营造出原片不具备的气质，再加上软件处理特效和各种素材，让画面充满质感、奇幻感，得到各式各样的特殊效果。

1. 场景的选择

场景在拍摄照片时非常重要，往往时尚的场景能确定照片的气质，如图 8-1 所示。

选择具有时尚气息的场景搭配人物服装造型是一张照片看起来时尚的第一步。场景不同，时尚感也就不同，如在田园小镇拍摄的照片就呈现出自然小清新的感觉，而在街头涂鸦背景前拍摄的照片能表达出人物的狂野时尚。

这些照片通过 Photoshop 的后期处理，添加各种适合的特效，就能制作出独具特色的图像效果来。

图 8-1 场景的选择

2. 后期创意

通过后期加工制做原照片达不到的气质，这就是 Photoshop 令人着迷的地方之一，对照片的再加工可以让照片脱胎换骨。虽然对照片做出改动，但是也需要参考原照片的特点，比如表情、场景等。

要做出一张有创意且具有特效感的照片，需要花费许多功夫，因为对于其他风格，只需要好看即可，但对于特效照片，则需要体现出耐人寻味的特色，如图 8-2 所示。

3. 调色的魅力

如果照片造型不够时尚，场景也不理想，主体物也显得很平淡，那么此时调色就显得特别重要。撞色和混搭会让照片焕然一新。加上符合照片特色的特殊效果，能让一张普通的照片变得时尚且具有特殊感，如图 8-3 所示。

图 8-2 后期创意

图 8-3 调色的魅力

4. 字体

文字可以对画面起到辅助作用，而字体的选择可以丰富画面，有一种特殊的设计感。需要使用者平时多留意各种字体，才能在设计时找到合适的字体来配合画面。

8.2　朴实感素描效果

素描是绘画的基本功，要画好一张细致的人像素描作品，需要花很长的时间才能完成。但是在Photoshop中只需要用很短的时间就可以将一副图像处理成素描绘画效果。

本实例制作的是一张质感明显的素描图像，实例展示效果如图8-4所示。

图8-4　实例效果

设 计 构 思 ：

本实例制作的是一张充满朴实感的素描效果图。下面将分4个步骤介绍本实例的设计构思，包括色调的调整、滤镜的选择、画面质感等，如图8-5所示。

1 素描图像肯定是黑白的，所以首先需要将图像转换为黑白色调。

2 结合运用滤镜效果制作出朦胧的画面感，让图像轮廓逐渐显现出来。

3 为画面添加杂色，主要是为了通过动感模糊得到素描特有的笔刷线条感。

4 添加淡黄色调比黑白对比效果更具有真实性，体现出了纸张泛黄的质感。

图8-5　本实例的设计构思

素材路径	光盘 / 素材 / 第 8 章 /8.2	实例路径	光盘 / 实例 / 第 8 章

本实例具体的操作步骤如下：

（1）按下 Ctrl+O 组合键，打开图像"素材 / 第 8 章 /8.2/ 老人 .jpg"，为画面中的老人做素描效果。按下 Ctrl+J 组合键两次，将背景层复制为图层 1 和图层 1 拷贝，如图 8-6 所示。

（2）选择图层 1 拷贝，然后选择"图像"→"调整"→"去色"命令，将图像去除颜色，如图 8-7 所示。

图 8-6　打开素材图像

图 8-7　图像去色效果

技巧提示：

　　"去色"命令能够直接将彩色图像转换为灰度图像，但图像的颜色模式不会改变。例如，它为 RGB 图像中的每个像素指定相等的红色、绿色和蓝色值，但每个像素的明度值不改变。

（3）选择"滤镜"→"其他"→"高反差保留"命令，打开"高反差保留"对话框，设置"半径"为 7 像素，如图 8-8 所示。

（4）单击"确定"按钮回到画面中，得到具有一些凹凸效果的灰色图像，如图 8-9 所示。

图 8-8　运用滤镜

图 8-9　图像效果（1）

（5）选择"图像"→"调整"→"亮度／对比度"命令，打开"亮度／对比度"对话框，设置"亮度"为39，"对比度"为77，如图8-10所示。

（6）单击"确定"按钮回到画面中，调整画面亮度和对比度后的图像效果如图8-11所示。

图8-10　调整亮度／对比度

图8-11　图像效果（2）

（7）选择图层1，然后选择"图像"→"调整"→"通道混和器"命令，在打开的"通道混和器"对话框中选择"单色"复选框，然后设置各项参数，如图8-12所示。

（8）单击"确定"按钮，得到对比较为强烈的黑白图像效果，如图8-13所示。

图8-12　设置通道混和器参数

图8-13　黑白图像效果

设计点评：

这里使用通道混和器调整图像色调，主要是为了让图像更加具有黑白对比效果，再配合图层混合模式的使用，会达到意想不到的效果。

（9）选择"滤镜"→"杂色"→"添加杂色"命令，打开"添加杂色"对话框，选择"单色"复选框，设置"数量"为43%，再选择"分布"选项区域中的"高斯分布"单选按钮，如图8-14所示。

（10）单击"确定"按钮，得到添加杂色的图像效果如图 8-15 所示。

图 8-14　添加杂色

图 8-15　添加杂色的图像效果

（11）选择"滤镜"→"模糊"→"动感模糊"命令，设置"角度"为 52，"距离"为 12 像素，如图 8-16 所示。

（12）单击"确定"按钮，得到动感模糊图像效果，现在看来有一些素描效果，但还是很模糊，如图 8-17 所示。

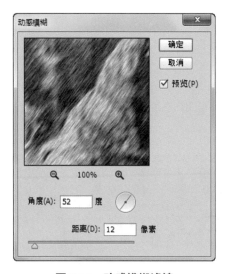

图 8-16　动感模糊滤镜

图 8-17　图像模糊效果

（13）在"图层"面板中选择"图层 1 拷贝"，显示该图层，并设置图层混合模式为"正片叠底"，"不透明度"为 58%，如图 8-18 所示，得到的图像效果如图 8-19 所示。

（14）按下 Ctrl+E 组合键合并"图层 1"和"图层 1 拷贝"，如图 8-20 所示。选择加

图 8-18　设置图层属性

图 8-19　图像效果（3）

深工具对图像中人物五官的暗部进行涂抹，再使用减淡工具对五官中的亮部进行涂抹，增强画面中的明暗对比，得到素描效果图像如图 8-21 所示。

图 8-20　设置图层属性

图 8-21　图像效果（4）

（15）新建一个图层，设置前景色为淡黄色（R237，G215，B180），按下 Alt+Del 组合键填充图像，并在"图层"面板中设置该图层混合模式为"柔光"，"不透明度"为 60%，图像效果如图 8-22 所示。

（16）选择橡皮擦工具，在属性栏中设置画笔"大小"为 300，"不透明度"为 50%，对图像做适当的擦除，得到颜色不均匀的效果，让素描图像显得更加真实，如图 8-23 所示。

图 8-22　图像效果（5）

图 8-23　完成效果

设计点评：

　　最后两个步骤主要是为素材图像增添质感，添加淡黄色可以得到泛黄的素描效果，更符合纸张特色；而让淡黄色显得不均匀，更加具有真实感。

8.3　快速得到建筑速写图

　　速写需要在简短的时间内快速地绘制所看到的事物，看似简单，但考验的是手绘功底，没有扎实的基础很难绘制一幅好的速写画面。利用 Photoshop 可以轻松地制作出速写效果。

　　本实例制作的是一个建筑效果速写图，实例展示效果如图 8-24 所示。

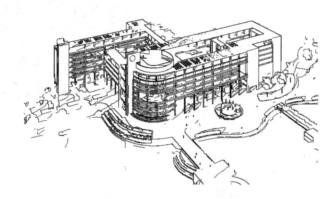

图 8-24　实例效果

设计构思：

　　本实例是将一张真实的照片制作成速写图像效果，步骤并不复杂。下面将分两个步骤介绍本实例的设计构思，如图 8-25 所示。

1 建筑图像具有强烈的线条感，最适合用来制作成速写效果。

2 运用特效将建筑外轮廓制作成白色线条，然后再运用反黑白效果，轻易就能得到速写效果。

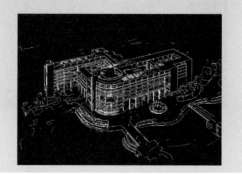

图 8-25　本实例的设计构思

素材路径	光盘 / 素材 / 第 8 章 /8.3	实例路径	光盘 / 实例 / 第 8 章

本实例具体的操作步骤如下：

（1）按下 Ctrl+O 组合键打开图像"素材 / 第 8 章 /8.3/ 建筑 .jpg"，将画面中的建筑做成素描效果。按下 Ctrl+J 组合键两次，将背景层复制为图层 1 和图层 1 拷贝，如图 8-26 所示。

（2）选择"滤镜"→"模糊"→"特殊模糊"命令，设置"品质"为"高"，"模式"为"仅限边缘"，再设置"半径"为 5.3，"阈值"为 40，如图 8-27 所示。

图 8-26　打开素材图像

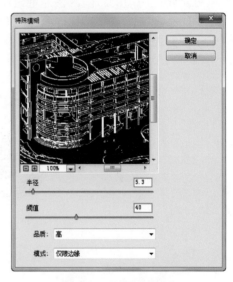

图 8-27　设置特殊模糊

（3）单击"确定"按钮回到画面中，得到单色黑底图像效果，如图 8-28 所示。

（4）选择"图像"→"调整"→"反相"命令对图像进行反相处理，得到速写图像如图 8-29 所示。

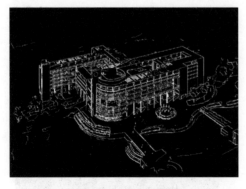

图 8-28　黑色图像

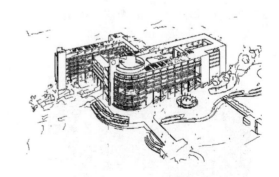

图 8-29　反向效果

（5）设置前景色为白色，选择铅笔工具，在属性栏中设置画笔大小为 10 像素。将边缘一些杂乱的图像涂抹掉，使整个画面显得干净，如图 8-30 所示。

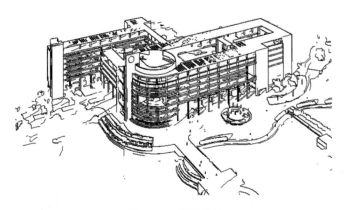

图 8-30 速写效果

技巧提示：

使用特殊模糊滤镜可以找出图像的边缘以及模糊边缘内的区域，从而产生一种清晰边界的模糊效果，是唯一不模糊图像轮廓的模糊方式。

8.4 制作冰雕图像

可爱的海豚让人非常喜爱，见多了普通的海豚，我们将它制作成冰封图像效果，不仅可以将图像转变成另一种风格的感觉，还能够增添图像艺术色彩。

本实例制作的是一张冰封图像效果，实例展示效果如图 8-31 所示。

图 8-31 实例效果

设计构思：

本实例制作的是一个冰封海豚的图像效果，冰封效果非常细腻。下面将分 4 个步骤介绍本实例的设计构思，如图 8-32 所示。

1 冰封图像外面一般都有一层冷冻效果，为了得到这一层效果，首先需要适当的模糊图像

2 应用滤镜中的命令得到特殊图像效果，让海豚图像具有光泽感。

3 添加颜色，让海豚图像更加接近真实的冰封图像色调。

4 海豚跃出水面，必不可少的是水花，所以添加水花让画面更具可看性。

图 8-32　本实例的设计构思

素材路径	光盘 / 素材 / 第 8 章 /8.4	实例路径	光盘 / 实例 / 第 8 章

本实例具体的操作步骤如下：

（1）按下 Ctrl+O 组合键，打开图像"素材 / 第 8 章 /8.4/ 海豚 .psd"，可以在"图层"面板中观察到海豚为一个单独的图层，如图 8-33 所示。

图 8-33　打开素材图像

（2）选择"海豚"图层，然后选择"图层"→"新建"→"通过拷贝的图层"命令，复制"海豚"为"海豚 拷贝"，如图 8-34 所示。

（3）选择"海豚 拷贝"图层，然后选择"滤镜"→"模糊"→"高斯模糊"命令，打开"高斯模糊"对话框，设置"半径"为 2，如图 8-35 所示。

图 8-34　复制图层（1）

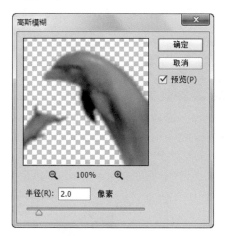

图 8-35　设置高斯模糊

（4）单击"确定"按钮，得到海豚的模糊效果如图 8-36 所示。

（5）选择"滤镜"→"滤镜库"命令，在打开的"滤镜库"对话框中选择"风格化"→"照亮边缘"命令，设置"边缘宽度"为 4，"边缘亮度"为 10，"边缘平滑度"为 7，如图 8-37 所示。

图 8-36　模糊图像效果

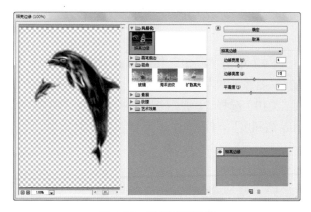

图 8-37　设置照亮边缘

（6）单击"确定"按钮回到画面中，将"海豚 拷贝"的图层混合模式设置为"色相"，效果如图 8-38 所示。

（7）复制"海豚"图层，得到"海豚 拷贝 2"，并将其放到图层的最上方，如图 8-39 所示。

（8）打开"滤镜库"对话框，选择"素描"→"铭黄渐变"命令，设置"细节"为 4，"平滑度"为 7，效果如图 8-40 所示。

图8-38　设置图层混合模式

图8-39　复制图层（2）

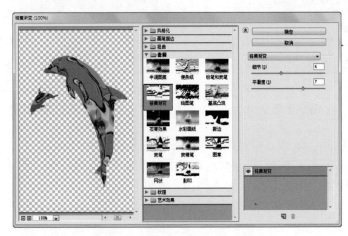

图8-40　运用"铬黄渐变"滤镜

（9）单击"确定"按钮回到画面中，设置"海豚 拷贝2"的"图层混合模式"为"叠加"，图像效果如图8-41所示。

（10）选择"海豚"图层，然后选择"图像"→"调整"→"色相/饱和度"命令，在"色相/饱和度"对话框中选择"着色"复选框，然后设置各项参数如图8-42所示。

图8-41　图像效果（1）

图8-42　设置图像颜色

（11）单击"确定"按钮，得到调整颜色后的图像如图 8-43 所示。

（12）选择"海豚 拷贝"，然后选择"图像"→"调整"→"色相／饱和度"命令，同样调整参数为图像着色，如图 8-44 所示。

图 8-43 图像效果（2）

图 8-44 为图像着色

（13）单击"确定"按钮，海豚图像呈现出蓝色调，如图 8-45 所示。

（14）选择"海豚"图层，按下 Ctrl + J 组合键得到"海豚 拷贝 3"，将复制的图层放到"图层"面板最上层，设置其图层混合模式为"强光"，得到冰雕图像效果如图 8-46 所示。

图 8-45 图像效果（3）

图 8-46 冰雕图像

（15）打开图像"素材／第 8 章 /8.4/ 水珠 .psd"，使用移动工具将水珠图像拖曳到当前编辑的图像中，设置图层混合模式为"滤色"，如图 8-47 所示。适当调整图像大小，放到海豚图像下方，如图 8-48 所示。

图 8-47 设置图层混合模式

图 8-48 加入水珠图像

（16）选择画笔工具 ✐，在属性栏中选择"星爆 - 小"笔触，设置画笔"大小"为50，如图 8-49 所示。

（17）新建一个图层，设置前景色为白色，在海豚图像的头部同一位置多次单击，得到光点效果，如图 8-50 所示。

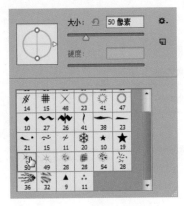

图 8-49　选择画笔样式

图 8-50　绘制光点图像

技巧提示：

打开"画笔"面板后，如果找不到所需的画笔，可以单击面板右上角的 ⚙. 按钮，在弹出的菜单中选择所需的画笔组，载入到面板中即可。

8.5　制作磨砂玻璃图像

普通的拍摄，如果透过磨砂玻璃可能并不能达到想要的效果。磨砂玻璃效果可以渲染出一种静态美，并且还有朦胧效果，是比较常用的冷调表现手法，而这种磨砂感觉是不能通过拍摄得到的，必须经过后期加工处理。

本实例制作的是一张磨砂玻璃图像效果，实例展示效果如图 8-51 所示。

设计构思：

本实例制作的是一个磨砂玻璃效果，画面中透过磨砂玻璃可以看到模糊的背景图像。下面将分 4 个步骤介绍本实例的设计构思，如图 8-52 所示。

图 8-51　实例效果

1 对于选择哪一部分图像来做磨砂玻璃效果，应该根据画面的观赏性来决定，如本图中就应选择画面右侧，既可遮住部分手部图像，又可以显露出大部分人物身体。

2 透过磨砂玻璃可以看到人物和背景的大概轮廓，这种真实的效果能够让画面更有质感。

3 玻璃特有的光感反射效果需要通过光照效果来实现。

4 通过细长的矩形来制作出玻璃的厚度感，让整个制作更具真实性。

图 8-52 本实例的设计构思

素材路径	光盘 / 素材 / 第 8 章 /8.5	实例路径	光盘 / 实例 / 第 8 章

本实例具体的操作步骤如下：

（1）按下 Ctrl+O 组合键打开图像"素材 / 第 8 章 /8.5/ 美女写真 .jpg"，选择工具箱中的矩形选框工具 框选图像右侧，得到一个矩形选区作为需要制作玻璃的部分，如图 8-53 所示。

（2）选择"图层"→"新建"→"通过拷贝的图层"命令，或按下 Ctrl+J 组合键，复制选区内的图像为图层 1，如图 8-54 所示。

（3）按住 Ctrl 键单击图层 1，载入图像选区。选择"滤镜"→"杂色"→"添加杂色"命令，打开"添加杂色"对话框，设置"数量"为 15%，再选择"单色"复选框，如图 8-55 所示。

（4）单击"确定"按钮，得到添加杂色的图像效果如图 8-56 所示。

图 8-53　打开素材图像

图 8-54　复制图层

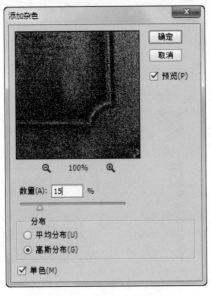

图 8-55　"添加杂色"滤镜

图 8-56　添加杂色效果

（5）选择"滤镜"→"风格化"→"扩散"命令，在"扩散"对话框中选择"各向异性"单选按钮，如图 8-57 所示。

（6）单击"确定"按钮回到画面中，按下 Ctrl+D 组合键取消选区，得到画面扩散滤镜效果如图 8-58 所示。

（7）选择"滤镜"→"滤镜库"命令，在打开的对话框中选择"扭曲"→"玻璃"命令，在"玻璃"对话框中设置"扭曲度"为 4，"平滑度"为 2，选择"纹理"为"磨砂"，"缩放"为 60，如图 8-59 所示。

（8）单击"确定"按钮回到画面中，图像呈现磨砂玻璃效果，但还缺乏光效感，如图 8-60 所示。

（9）选择"滤镜"→"渲染"→"光照效果"命令，在图像中设置光源位置在图像右上方，如图 8-61 所示。在"属性"面板中设置光源类型为"点光"，然后分别设置参数如图 8-62 所示，完成后单击属性栏中的"确定"按钮完成操作。

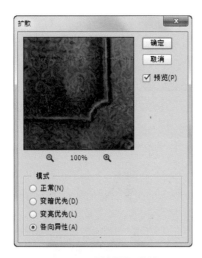

图 8-57 "扩散"滤镜

图 8-58 图像扩散效果

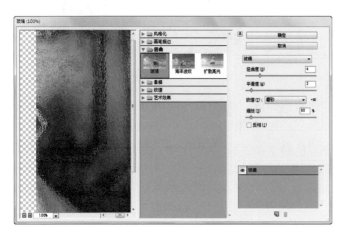

图 8-59 运用"玻璃"滤镜

图 8-60 磨砂图像效果

图 8-61 设置光源位置

图 8-62 设置参数

（10）选择"滤镜"→"渲染"→"镜头光晕"命令，打开"镜头光晕"对话框，设置光晕点在玻璃右上方，再设置"亮度"为109，选择"镜头类型"为"50-300毫米变焦"，如图8-63所示。

（11）单击"确定"按钮，得到镜头光晕效果如图8-64所示。

图8-63 运用"镜头光晕"滤镜

图8-64 图像效果（1）

（12）在"图层"面板中设置图层"不透明度"为75%，适当降低图像透明度，得到的效果如图8-65所示。

（13）选择"图像"→"调整"→"色彩平衡"命令，打开"色彩平衡"对话框，适当添加青色和绿色调，使玻璃有冷色调效果，如图8-66所示。

图8-65 降低透明度

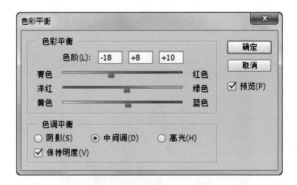

图8-66 设置色彩平衡

设计点评：

这里为玻璃添加冷色调主要是因为玻璃具有透明性，要与周围的环境色一致。如果环境色为暖色调，就需要将玻璃调整成偏暖色的效果。

（14）单击"确定"按钮，得到偏冷色调的图像效果如图 8-67 所示。

（15）现在制作玻璃的边缘切面效果。使用矩形选框工具在玻璃的边界处从上到下框选一部分玻璃图像，得到一个细长的矩形选区，如图 8-68 所示。

图 8-67　图像效果（2）

图 8-68　绘制选区

（16）按下两次 Ctrl+J 组合键复制选区，得到"图层 2"和"图层 2 拷贝"，按住 Ctrl 键在"图层"面板中单击"图层 2 拷贝"，载入图像选区，如图 8-69 所示。

（17）选择渐变工具 ，单击属性栏中的"渐变编辑器"，设置为白色和灰色相交的渐变色，如图 8-70 所示。

图 8-69　复制图层

图 8-70　设置渐变色

（18）使用渐变工具从图像的左上角往右下角拖动鼠标填充选区，完成后按下 Ctrl+D 组合键取消选区，如图 8-71 所示。

（19）使用移动工具将图像向右边稍微移动，再按住 Ctrl 键单击图层 2 载入选区。选择"图层 2"拷贝，按下 Del 键删除"图层 2 拷贝"多余的部分。然后取消选区，在"图层"面板中设置"图层混合模式"为"差值"，"不透明度"为 35%，如图 8-72 所示，完成本例制作。

图 8-71　填充选区　　　　　　　　图 8-72　完成效果

8.6　柔化图像效果

本实例将介绍如何将一张普通的照片制作成柔化图像方法，柔化后的图像显得更加具有梦幻的感觉，是少女非常喜爱的一种照片特效风格。

本实例制作的是一张充满柔和感的图像，实例展示效果如图 8-73 所示。

设计构思：

本实例制作的是一个柔化图像，画面非常唯美。下面将分两个步骤介绍本实例的设计构思，包括素材图像颜色的选择、人物与图像的融合等，如图 8-74 所示。

图 8-73　实例效果

1 选择与人物色调一致的背景图像才能更好的融合在一起。

2 一层一层的制作特殊效果，逐渐将花朵图像与人物图像自然融合。

图 8-74　本实例的设计构思

素材路径	光盘 / 素材 / 第 8 章 /8.6	实例路径	光盘 / 实例 / 第 8 章

本实例具体的操作步骤如下：

（1）打开图像"素材 / 第 8 章 /8.6/ 蓝色玫瑰 .jpg"，如图 8-75 所示，用这张图片来做背景图像效果。

（2）选择"图像"→"图像旋转"→"顺时针 90 度"命令，将图像旋转。再选择"滤镜"→"滤镜库"命令，在打开的对话框中选择"艺术效果"→"调色刀"命令，设置参数分别为 22，3，0，如图 8-76 所示。

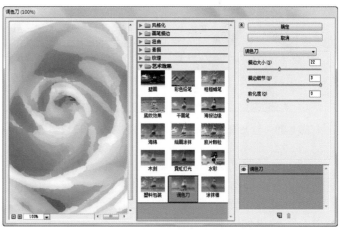

图 8-75　打开素材图像　　　　　　　　图 8-76　设置滤镜参数

（3）单击"确定"按钮，得到调色刀图像如图 8-77 所示。

（4）选择"滤镜"→"模糊"→"动感模糊"命令，打开"动感模糊"对话框，设置"角度"为 –37，"距离"为 44，如图 8-78 所示。

（5）单击"确定"按钮回到画面中，得到图像模糊效果如图 8-79 所示。

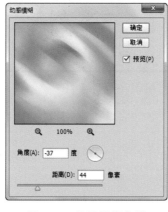

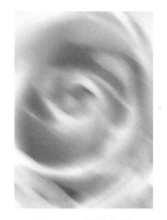

图 8-77　调色刀图像效果　　　　图 8-78　设置模糊参数　　　　图 8-79　模糊效果

（6）选择"文件"→"打开"命令，打开图像"素材 / 第 8 章 /8.6/ 带花的少女 .jpg"，如图 8-80 所示。

（7）选择移动工具将花朵图像直接拖动到人物图像中，得到图层1。按下Ctrl+T组合键适当调整花朵照片的大小，再设置图层1的图层混合模式为"正片叠底"，如图8-81所示，得到的图像效果如图8-82所示。

图8-80　打开素材图像　　　　图8-81　设置图层属性　　　　图8-82　图像效果

（8）选择背景图层，按下Ctrl+J组合键复制图层，得到"背景 拷贝"，并将其放到图层的最上方，如图8-83所示。

（9）设置"背景 拷贝"图层的混合模式为"正片叠底"，人物图像将与花朵图层自动混合，效果如图8-84所示。

（10）选择"背景 拷贝"图层，按下Ctrl+J组合键复制图层，得到"背景 拷贝2"，如图8-85所示。

图8-83　复制图层　　　　　　图8-84　图像效果　　　　　　图8-85　复制图层

（11）选择"滤镜"→"模糊"→"高斯模糊"命令，打开"高斯模糊"对话框，设置"半径"为9.8像素，如图8-86所示。

（12）单击"确定"按钮回到画面中，设置图层混合属性为"叠加"，如图8-87所示，得到的图像效果如图8-88所示。

（13）按下Alt+Ctrl+Shift+E组合键盖印图层，然后选择"图像"→"调整"→"曲线"命令，打开"曲线"对话框，调整曲线适当增加人物面部亮度，如图8-89所示。

（14）单击"确定"按钮，得到调整后的效果如图8-90所示，完成本实例的制作。

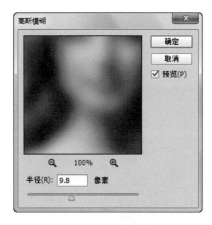

图 8-86　设置高斯模糊

图 8-87　设置图层属性

图 8-88　图像效果

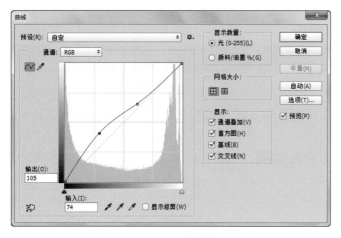

图 8-89　调整曲线

图 8-90　图像效果

8.7　写实油画图像

绘制一幅成功的油画，需要较强的美术功底，对于初学绘画的人来说有很大的难度。但是只要熟练掌握 Photoshop 软件操作，同样可以在计算机中绘制出一幅漂亮的油画图像。

本实例制作的是一张写实油画图像，实例展示效果如图 8-91 所示。

设计构思：

本实例制作的是一个写实油画图像，画面非常的真实。下面将分两个步骤介绍本实例的设计构思，如图 8-92 所示。

图 8-91　实例效果

1 使用一些特殊画笔工具可以制造出具有特色的图像效果，但需加上后期的处理才能达到理想的效果。

2 为图像添加纹理，制作出油画画布的纹理感，更具有写实的意味。

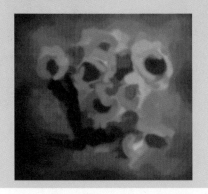 

图 8-92　本实例的设计构思

素材路径	光盘 / 素材 / 第 8 章 /8.7	实例路径	光盘 / 实例 / 第 8 章

本实例具体的操作步骤如下：

（1）打开图像"素材 / 第 8 章 /8.7/ 向日葵 .jpg"，如图 8-93 所示，将用这张照片制作油画效果。

（2）选择工具箱中的历史记录艺术画笔，在属性栏中设置"样式"为"紧绷中"，画笔大小为 30 像素，如图 8-94 所示。

图 8-93　打开素材图像

图 8-94　设置属性栏

（3）使用画笔在图像中进行涂抹，将整个画面进行处理，这一步可以比较随意地涂抹画面，得到的图像效果如图 8-95 所示。

（4）将画笔大小改为 10 像素，效果如图 8-96 所示。

（5）将画笔缩小到 6 像素，对照片中的花瓣、花篮和玉米图像做仔细的涂抹，让图像更加完整的显现出来，得到的图像效果如图 8-97 所示。

（6）按下 Ctrl+J 组合键复制两次背景图层，并关闭"图层 1 拷贝"图层前面的眼睛，选择"图层 1"图层，如图 8-98 所示。

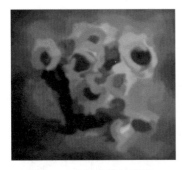

图 8-95　粗略涂抹图像

图 8-96　细化图像

图 8-97　刻画细节

图 8-98　复制图像

（7）选择"滤镜"→"滤镜库"命令，在打开的对话框中选择"艺术效果"→"绘画涂抹"命令，设置"画笔大小"为 6，"锐化程度"为 12，如图 8-99 所示。

（8）单击"确定"按钮回到画面中，在"图层"面板中设置该图层的不透明度为 54%，得到的画面效果如图 8-100 所示。

图 8-99　使用绘画涂抹滤镜

图 8-100　图像效果（1）

（9）选择"图层 1 拷贝"图层，并打开前面的眼睛。选择"滤镜"→"滤镜库"命令，在打开的对话框中选择"纹理"→"纹理化"命令，设置"纹理"为"画布"，"缩放"为

109，"凸现"为5，如图 8-101 所示。

（10）单击"确定"按钮回到画面中，在"图层"面板中设置该图层"不透明度"为60%，得到添加纹理效果的图像如图 8-102 所示。

图 8-101　设置"纹理化"滤镜　　　　　　　　图 8-102　图像效果（2）

（11）选择"滤镜"→"渲染"→"光照效果"命令，在"属性"面板中设置光源为聚光灯，并适当调整图像参数，如图 8-103 所示。然后在画面中调整光圈的位置和大小，如图 8-104 所示。

（12）单击属性栏中的"确定"按钮，得到光照图像如图 8-105 所示，完成本实例的制作。

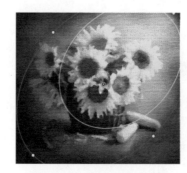

图 8-103　设置光照参数　　　　图 8-104　设置光圈位置　　　　图 8-105　完成效果

8.8　古典工笔画

后期对图像的处理，除了特殊艺术效果外，色彩的协调或柔和性也要与前期风格相似，让图片色在有改变的情况下又不失视觉冲击力效果，这样才能从细节上体现出设计师的功力。

本实例制作的是一个古典工笔画图像，实例展示效果如图 8-106 所示。

图 8-106 实例效果

设计构思：

本实例制作的是将一张普通的艺术照片改变为古典工笔画效果，画面非常唯美。下面将分两个步骤介绍本实例的设计构思，如图 8-107 所示。

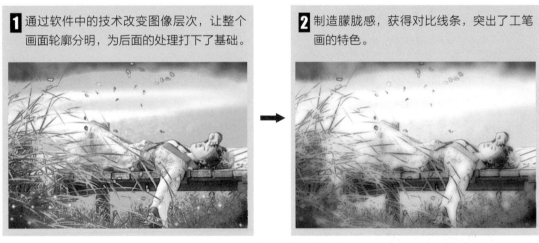

1 通过软件中的技术改变图像层次，让整个画面轮廓分明，为后面的处理打下了基础。

2 制造朦胧感，获得对比线条，突出了工笔画的特色。

图 8-107 本实例的设计构思

素材路径	光盘 / 素材 / 第 8 章 /8.8	实例路径	光盘 / 实例 / 第 8 章

本实例具体的操作步骤如下：

（1）按下 Ctrl+O 组合键，打开图像"素材 / 第 8 章 /8.8/ 古典美女 .jpg"，如图 8-108 所示，将用这张照片制作成仿工笔画效果。

（2）复制背景图层，得到"图层 1"。选择"图像"→"调整"→"去色"命令，将图像变成黑白色调，如图 8-109 所示。

图 8-108　打开素材图像

图 8-109　去除图像颜色

（3）选择去色后的图层,按下 Ctrl+I 组合键进行反相处理,将图层混合模式设置为"颜色减淡",如图 8-110 所示,得到的图像效果如图 8-111 所示。

图 8-110　设置图层属性

图 8-111　图像效果（1）

（4）选择"滤镜"→"其他"→"最小值"命令,在打开的对话框中设置"半径"为2,如图 8-112 所示,得到图像效果如图 8-113 所示。

图 8-112　"最小值"滤镜

图 8-113　图像效果（2）

（5）在"图层"面板中双击处理"图层 1",打开"图层样式"对话框,调整对话框底部的"混合颜色带"，选择"下一图层"，按住 Alt 键向右拖动黑色三角形，如图 8-114 所示，得到图像效果如图 8-115 所示。

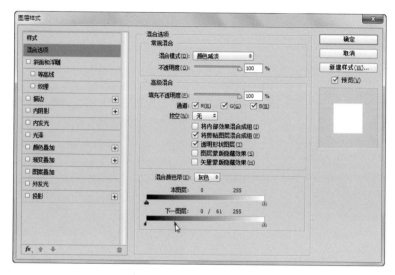

图 8-114　调整图像层次

图 8-115　图像效果（3）

（6）按下 Alt+Ctrl+Shift+E 组合键得到盖印图层，得到"图层 2"，如图 8-116 所示。再按下 Ctrl +J 组合键复制"图层 2"，得到"图层 2 拷贝"，图像效果如图 8-117 所示。

图 8-116　得到盖印图层

图 8-117　复制图层

（7）选择"滤镜"→"模糊"→"高斯模糊"命令，打开"高斯模糊"对话框，设置"半径"为8，如图8-118所示，单击确定按钮得到模糊图像。

（8）在"图层"面板中设置该图层的混合模式为"深色"，得到模糊叠加的图像效果如图8-119所示。

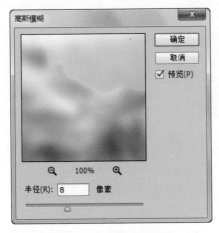

图8-118 设置模糊参数

图8-119 图像效果（4）

（9）选择"图层"→"新建调整图层"→"自然饱和度"命令，在打开的对话框中默认设置，进入"属性"面板，降低图像的"自然饱和度"和"饱和度"参数，如图8-120所示，得到的图像效果如图8-121所示。

图8-120 调整图像饱和度

图8-121 图像效果（5）

（10）选择"图层"→"新建调整图层"→"亮度/对比度"命令，在打开的对话框中默认设置，进入"属性"面板，调整"亮度"和"对比度"参数，如图8-122所示，得到的图像效果如图8-123所示，完成本实例的操作。

设计点评：

工笔画属于中国古代特有的艺术画作之一，作品一般都比较古典，所以特意使用了古装人物来制作。在制作特殊效果前就应该针对不同的原照片，选择相对应的制作手法，这样才能达到整个画面的和谐感。

图 8-122　调整亮度和对比度

图 8-123　图像效果（6）

8.9　肖像印章

　　带有设计感的图像多种多样，很多图像都能够通过 Photoshop 制作，如肖像印章效果就可以在该软件中很轻松地制作出来。除了用于人像制作外，Photoshop 还可以用来制作花草或其他静物。

　　本实例制作的是一张肖像印章，实例展示效果如图 8-124 所示。

设计构思：

　　本实例制作的是一个肖像印章图像，画面效果非常抽象。下面将分两个步骤介绍本实例的设计构思，如图 8-125 所示。

图 8-124　实例效果

1 使用红色调为基础，再将边框做成与印章相符的喷溅边缘效果，具有真实性。

2 将图像转换为黑白色调，再通过技术手段与背景完美融合，得到印章效果。

图 8-125　本实例的设计构思

本实例具体的操作步骤如下：

（1）按下 Ctrl+N 组合键，打开"新建"对话框，设置"名称"为"肖像印章"，"高度"为 10 厘米，"宽度"为 10 厘米，其余设置如图 8-126 所示。

（2）新建一个图层，选择工具箱中的矩形工具 ，按住 Shift 键在画面中创建一个正方形选区，如图 8-127 所示。

图 8-126　新建图像　　　　　　　　　　　　图 8-127　绘制选区

（3）设置前景色为土红色（R107，G32，B9），按下 Alt+Del 组合键填充选区，如图 8-128 所示。

（4）选择工具箱中的橡皮擦工具 ，在画面中单击鼠标右键，在弹出的"画笔"面板中选择画笔样式为"粉笔 36 像素"，如图 8-129 所示。

图 8-128　填充选区　　　　　　　　　　　图 8-129　选择画笔

（5）使用橡皮擦工具在图像边缘进行涂抹，使图像更有印章边缘的效果，如图 8-130 所示。

（6）选择"滤镜"→"杂色"→"添加杂色"命令，打开"添加杂色"对话框，设置"数量"为 13%，选择"高斯分布"单选按钮和"单色"复选框，如图 8-131 所示。

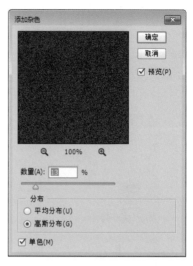

图 8-130　图像效果（1）　　　　　　　　图 8-131　"添加杂色"滤镜

（7）单击"确定"按钮，得到添加杂色后的图像效果如图 8-132 所示。

（8）打开图像"素材 / 第 8 章 /8.9/ 头像 .jpg"，如图 8-133 所示，按下 Ctrl+J 组合键复制一次背景图层。

图 8-132　图像效果（2）　　　　　　　　图 8-133　打开素材图像

（9）选择"图像"→"调整"→"阈值"命令，打开"阈值"对话框，设置"阈值色阶"为 55，如图 8-134 所示。单击"确定"按钮，得到阈值图像效果如图 8-135 所示。

图 8-134　"阈值"对话框　　　　　　　　图 8-135　图像效果（3）

（10）双击选择的背景图层，将其转换为普通图层并放到最上一层，设置该图层"不透明度"为36%，如图8-136所示。

（11）按下Ctrl+E组合键向下合并图层，然后使用移动工具将其拖曳到当前编辑的图像中，适当调整图像大小，如图8-137所示。

图8-136　设置图层不透明度

图8-137　添加图像

（12）选择"图像"→"调整"→"去色"命令，将人物转变为黑白图像，如图8-138所示。

（13）选择"图像"→"调整"→"亮度／对比度"命令，打开"亮度／对比度"对话框，设置"亮度"为82，"对比度"为23，如图8-139所示。

图8-138　黑白图像（1）

图8-139　设置亮度和对比度

（14）单击"确定"按钮，得到黑白对比明显的图像效果如图8-140所示。

（15）选择工具箱中的魔棒工具，在属性栏中设置"容差"为32，单击黑色图像获取选区，再按Del键删除选区中的图像，如图8-141所示，完成本实例的操作。

图8-140　黑白图像（2）

图8-141　删除部分图像

8.10 唯美中国画

在画纸上浸染出美丽风光是很多喜爱绘画之人的梦想，真正绘制一幅国画需要经过专业的培训。但是可以通过 Photoshop 将一幅普通图像制作成国画效果。

本实例制作的是一张唯美中国画，实例展示效果如图 8-142 所示。

图 8-142 实例效果

设计构思：

本实例制作的是一张唯美中国画图像，还添加了国画特有的边框。下面将分两个步骤介绍本实例的设计构思，如图 8-143 所示。

1 淡彩效果是国画的特色，抓住这一特点，首先将图像处理成颜色清淡、明暗度较高的效果。

2 国画的纸张有独特的纹理，所以添加纹理会让图像显得更加真实，而添加边框图像则会显得更加有大师风范。

图 8-143 本实例的设计构思

素材路径	光盘 / 素材 / 第 8 章 /8.10	实例路径	光盘 / 实例 / 第 8 章

本实例具体的操作步骤如下：

（1）按下 Ctrl+O 组合键，打开图像"素材 / 第 8 章 /8.10/ 梅花 .jpg"，将为这张照片制作国画效果，其余设置如图 8-144 所示。

（2）按下 Ctrl+J 组合键复制背景图层，得到图层 1。选择"图像"→"调整"→"去色"命令为图像去色，如图 8-145 所示。

图 8-144　打开素材图像

图 8-145　绘制选区

（3）选择"滤镜"→"模糊"→"高斯模糊"命令，打开"高斯模糊"对话框，设置"半径"为 1.5，如图 8-146 所示。

（4）单击"确定"按钮，得到朦胧的图像效果，有点类似国画的感觉了，如图 8-147 所示。

图 8-146　设置模糊参数

图 8-147　模糊效果

（5）按下 Ctrl+J 组合键复制"图层 1"，得到"图层 1 拷贝"。然后在"图层"面板中设置图层混合模式为"叠加"，得到颜色对比较强的图像效果，如图 8-148 所示。

（6）选择"背景"层，按下 Ctrl+J 组合键复制"背景"层为"背景 拷贝"，再将"背景 拷贝"置于图层最上方，在"图层"面板中设置该图层的混合模式为"颜色"，如图 8-149 所示。

图 8-148　叠加图像效果

图 8-149　复制图层

（7）选择"图层"→"拼合图像"命令，现在得到的图像已经有了国画效果，如图 8-150 所示。

（8）新建一个图层，单击工具箱中的前景色，设置颜色为淡黄色（R238，G233，B194），按下 Alt+Del 组合键对"图层 1"进行填充，如图 8-151 所示。

图 8-150 图像效果（1）

图 8-151 填充黄色

（9）设置"图层 1"的图层混合模式为"正片叠底"，"不透明度"为 55%，得到有些偏黄色的图像效果，如图 8-152 所示。

图 8-152 图像效果（2）

（10）选择"滤镜"→"滤镜库"命令，在打开的对话框中选择"纹理"→"纹理化"命令，在"纹理"下拉列表中选择"画布"，"缩放"为 100，"凸现"为 5，如图 8-153 所示。

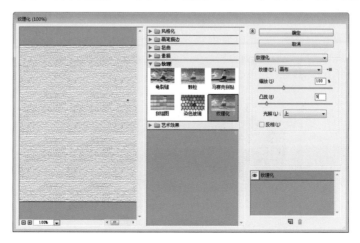

图 8-153 添加纹理（1）

（11）单击"确定"按钮，得到添加纹理后的图像效果如图 8-154 所示。

（12）按下 Alt+Ctrl+Shift+E 组合键盖印图层，然后打开图像"素材 / 第 8 章 /8.10/ 画卷 .jpg"，使用移动工具将盖印的图层拖曳到画卷中，适当调整图像大小，放到画面中间，如图 8-155 所示。

图 8-154　图像效果（3）

图 8-155　添加纹理（2）

（13）选择"图层"→"图层样式"→"描边"命令，打开"图层样式"对话框，设置描边颜色为土黄色（R80，G63，B16），"大小"为 2，如图 8-156 所示。

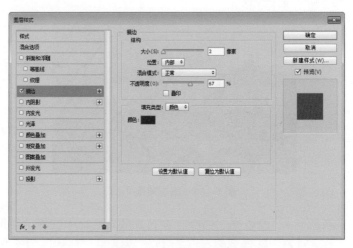

图 8-156　设置描边效果

（14）单击"确定"按钮，得到描边效果如图 8-157 所示，完成本实例的制作。

图 8-157　完成效果

8.11 跳舞的少女

将人物与其他素材图像结合在一起，做出具有创意的特殊效果，完全靠设计师的主观思维模式来实现。其画面效果也与设计师本身的文化素质、艺术修养、审美倾向有很大的关系。如何将跳舞的美女与月亮、星空完美结合在一起，本实例将做出很好的示范。

本实例制作的是一张跳舞的少女图，实例展示效果如图 8-158 所示。

图 8-158 实例效果

设计构思：

本实例制作的是一个合成图像，将人物与月亮图像放在一起，形成了奇妙的组合。下面将分两个步骤介绍本实例的设计构思，如图 8-159 所示。

1 黑色背景最适合用来制作带有星空的图像，再添加一些马车、亮光等元素，就可以营造出奇幻的星空背景效果。

2 将月亮图像放到人物的手部，让人感觉月亮在人物手中舞动，形成一种强烈的视觉效果。

图 8-159 本实例的设计构思

素材路径	光盘 / 素材 / 第 8 章 /8.11	实例路径	光盘 / 实例 / 第 8 章

本实例具体的操作步骤如下：

（1）新建一个图像文件，设置前景色为黑色，按下 Alt+Del 组合键填充背景，如图 8-160 所示。

（2）按下 Ctrl+O 组合键，打开图像"素材 / 第 8 章 /8.11/ 星空 .jpg"，使用移动工具将其直接拖曳到当前编辑的图像中，适当调整图像大小，让星空图像符合画面大小，如图 8-161 所示。

（3）选择椭圆选框工具 ，在属性栏中设置"羽化"值为 10 像素，然后在图像中绘制一个圆形选区，如图 8-162 所示。

图8-160 填充背景

图8-161 添加星空图像

图8-162 绘制选区

（4）单击"图层"面板底部的"创建新的填充和调整图层"按钮 ，选择"曲线"命令，进入"属性"面板，调整曲线增加选区中的图像亮度，如图8-163所示，得到的图像效果如图8-164所示。

（5）打开图像"素材/第8章/8.11/光环.psd"，使用移动工具将其直接拖曳到当前编辑的图像中，放到画面左上方，如图8-165所示。

图8-163 调整曲线

图8-164 图像效果（1）

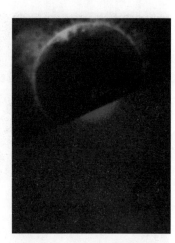

图8-165 添加素材图像（1）

（6）在"图层"面板中设置该图层混合模式为"排除"，"不透明度"为65%，效果如图8-166所示。

（7）打开图像"素材/第8章/8.11/麋鹿.psd"，使用移动工具将其直接拖曳到当前编辑的图像中，放到画面左上方的光环图像中，如图8-167所示。

（8）打开图像"素材/第8章/8.11/光圈.psd"，使用移动工具将其拖曳到当前编辑的图像中，放到画面左上方，如图8-168所示。

（9）选择橡皮擦工具，在属性栏中设置画笔大小为300像素，擦除光圈图像中多余的黑色图像，如图8-169所示。

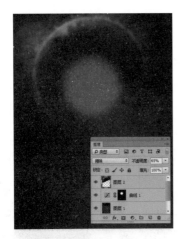

图 8-166　图像效果（2）

图 8-167　添加麋鹿图像

图 8-168　添加光圈图像

图 8-169　擦除多余的图像

（10）打开图像"素材 / 第 8 章 /8.11/ 桥 .psd"，使用移动工具将其拖曳到当前编辑的图像中，放到画面下方，如图 8-170 所示。

（11）选择"图层"→"图层蒙版"→"显示全部"命令，进入蒙版状态，使用画笔工具对"桥"图像的尾部做适当的擦除，隐藏该部分图像，如图 8-171 所示。

（12）打开图像"素材 / 第 8 章 /8.11/ 跳舞的女孩 .psd"，使用移动工具将其拖曳到当前编辑的图像中，适当调整图像大小放到桥的下方，如图 8-172 所示。

图 8-170　添加素材图像（2）

图 8-171　隐藏图像（1）

图 8-172　添加素材图像（3）

（13）按住 Ctrl 键单击舞蹈人物所在图层，载入该图像选区。选择"选择"→"变换选区"命令，按住 Ctrl 键调整选区高度和角度，如图 8-173 所示。

（14）按下 Enter 键确认变换，在选区中右击，在弹出的快捷菜单中选择"羽化选区"命令，打开"羽化选区"对话框，设置"羽化半径"为 6 像素，如图 8-174 所示，然后单击"确定"按钮。

图 8-173　隐藏图像（2）

图 8-174　添加素材图像（4）

（15）新建一个图层，填充选区为黑色，调整该图层"不透明度"为 63%，并将其放到人物图层下方，如图 8-175 所示，得到人物投影效果如图 8-176 所示。

（16）打开图像"素材 / 第 8 章 /8.11/ 月球 .jpg"，选择椭圆选框工具，按住 Shift 键绘制一个与月亮相同大小的正圆形选区，框选月亮图像，如图 8-177 所示。

图 8-175　设置图层属性

图 8-176　人物投影效果

图 8-177　绘制圆形选区

（17）使用移动工具直接将选区中的图像拖曳到当前编辑的图像中，缩小图像，放到人物手部上方，如图 8-178 所示。

（18）选择"图像"→"调整"→"亮度 / 对比度"命令，打开"亮度 / 对比度"对话框，增加图像亮度和对比度，如图 8-179 所示。

（19）单击"确定"按钮，得到调整后的图像如图 8-180 所示。

图 8-178　添加月亮图像

图 8-179　设置图像亮度

图 8-180　图像效果（3）

（20）选择"图层"→"图层样式"→"外发光"命令，打开"图层样式"对话框，设置外发光颜色为白色，各项参数设置如图 8-181 所示。

（21）单击"确定"按钮，得到图像外发光效果如图 8-182 所示，完成本实例的制作。

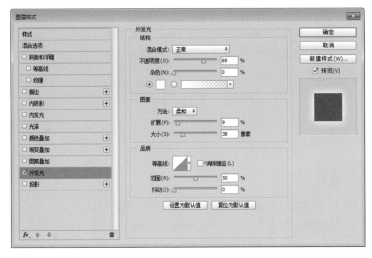

图 8-181　设置外发光样式

图 8-182　图像效果（4）

第 9 章　儿童摄影作品全修饰

【如何拍摄儿童照】

　　相信很多年轻的爸爸妈妈都会给自己的宝宝拍很多照片，在这些照片中，有外出游玩时拍的，也有在影楼中找摄影师拍的。由于受环境、灯光、人物等各种因素的影响，有些照片并不尽如人意，这就需要使用到后期修图处理了。

　　当在摄影棚中拍摄宝贝的照片时，最常见的一个问题就是场景的重复性。由于影楼的局限性，经常同一个场景拍摄多张照片，拍出来的照片感觉都是重复的。其实只要摄影师找好不同的角度，交替使用不同的道具，就可以解决这一问题。

　　相对室内来说，室外场景的拍摄可以利用的空间要大得多，但需要注意的是光与影的控制，在自然光线下拍摄出的照片进行后期处理效果最好。

　　本章将以室内和室外的宝贝照片为例，向大家讲解如何通过后期的设计和排版，对儿童摄影作品进行修饰、包装。

【本章实例展示】

9.1 儿童照如何拍摄出多种变化

1. 新生儿的摆拍

掌握摆拍技巧的前提是首先要了解新生儿宝宝。宝宝出生之前一直在妈妈肚子中，处于一种蜷缩状并被紧紧包裹，这是宝宝最习惯和最喜欢的一种状态。所以新生儿摄影的最佳拍摄时间是出生后 3～15 天。摆拍的主要原则是安全、舒适、自然，并且应该根据宝宝的状态来调整优先顺序，如图 9-1 所示。

图 9-1 新生儿摆拍

常用的新生儿摄影摆姿有包裹、趴姿、躺姿、亲子 4 大类，其中包裹根据方式方法的不同分为全包裹、半包裹、立式包裹；趴姿根据场景的不同分为摄影毯趴姿和容器趴姿，而摄影毯趴姿根据表现方式又分为蛙式、正趴、侧趴、侧卧等姿势；躺姿根据场景的不同分为摄影毯躺姿和容器类躺姿；亲子摆拍也是难点之一，由于大部分家长比较紧张、宝宝不配合等因素，所以摆姿的难度较大。

对于这 4 种类型的拍摄姿势，基本上不可能每个宝宝同时完成。

2. 室内场景的变化

室内场景存在着很多局限性，场地、道具和布景都是单一的，但可以通过以下几点让拍摄有所变化：

（1）合理展现实景的每一寸空间。

（2）道具可二次搭配，以及孩子的位置、布光的变化，营造不同的影调和氛围。

（3）实景可以充分重组，得到另一种风格。

（4）调节灯光的冷暖，可以改变室内场景风格。

拍摄效果如图 9-2 所示。

3. 拍摄上突出时尚感

对于一些年轻的父母来说，对宝宝的拍摄方式都要求以时尚、创意、简洁、靓丽为主。整体拍摄风格突出时尚感，如图 9-3 所示。

图 9-2 室内拍摄

图 9-3 时尚圣诞造型

在拍摄过程中，根据风格选择服饰。服饰的颜色尽量简洁，背景选择有创意的，道具选择有质感的，同时也要把握好道具和服装的时尚感，以便于后期处理图像时能得到更好的效果。

9.2　秀出雪白肤色

宝贝的肌肤是最嫩、最好看的，在原照片质量不佳的情况下，完全可以通过软件后期处理将宝宝雪白的肌肤显露出来，打造出牛奶般雪白娇嫩的肌肤。

本实例是将宝宝雪白的肌肤秀出来，实例对比效果如图 9-4 所示。

图 9-4　实例对比效果

设计构思：

本实例制作的是处理宝宝肌肤照片，对比原图与修改后的效果可以看到明显的变化。下面将分两个步骤介绍本实例的设计构思，如图 9-5 所示。

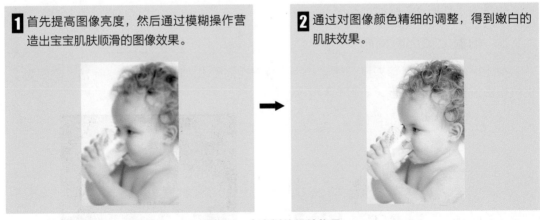

1 首先提高图像亮度，然后通过模糊操作营造出宝宝肌肤顺滑的图像效果。

2 通过对图像颜色精细的调整，得到嫩白的肌肤效果。

图 9-5　本实例的设计构思

素材路径	光盘 / 素材 / 第 9 章 /9.2	实例路径	光盘 / 实例 / 第 9 章

本实例具体的操作步骤如下：

（1）按下 Ctrl+O 组合键，打开图像"素材 / 第 9 章 /9.2/ 喝水的宝贝 .jpg"，可以看到图中的儿童肌肤偏黄，下面将打造出雪白的婴儿肤色，如图 9-6 所示。

（2）按下 Ctrl+J 组合键，复制一次背景图层，得到图层 1，如图 9-7 所示。

图 9-6　打开素材图像

图 9-7　复制图层

（3）在"图层"面板中设置"图层 1"的图层混合模式为"滤色"，"不透明度"为 64%，如图 9-8 所示，得到的图像效果如图 9-9 所示，宝宝的肌肤稍微变白了一些。

图 9-8　设置图层属性

图 9-9　图像效果

（4）按下 Alt+Ctrl+Shift+E 组合键得到盖印图层，然后选择"滤镜"→"模糊"→"高斯模糊"命令，打开"高斯模糊"对话框，设置"半径"为 4 像素，如图 9-10 所示。

（5）单击"确定"按钮，得到模糊图像效果如图 9-11 所示。

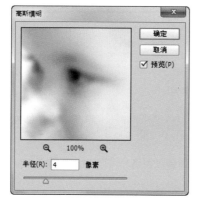

图 9-10　设置模糊半径

图 9-11　图像模糊效果

（6）单击"图层"面板底部的"添加图层蒙版"按钮 ，为图像添加图层蒙版。设置前景色为黑色，背景色为白色，选择画笔工具涂抹人物头发、五官和水杯，将底层的图像显现出来，图像效果和"图层"面板分别如图 9-12 和图 9-13 所示。

（7）单击"图层"面版底部的"创建新的填充或调整图层"按钮 ，在弹出的菜单中选择"色相/饱和度"命令，进入"属性"面板，在面板第二项下拉菜单中选择"全图"选项，设置"明度"为 10，如图 9-14 所示。

图 9-12　显示部分图像

图 9-13　图层蒙版

图 9-14　添加图像整体明度

（8）在"属性"面板中选择"黄色"选项，适当减少黄色调，并降低饱和度，设置下面的参数分别为 –8，–15，49，如图 9-15 所示。

（9）在"属性"面板中选择"红色"，然后调整色调，并添加饱和度和明度，参数设置分别为 –7，19，21，如图 9-16 所示，得到的图像效果如图 9-17 所示，可以看到宝贝的肌肤已经非常的漂亮。

图 9-15　调整黄色调

图 9-16　调整红色调

图 9-17　图像效果

（10）选择所有图层，按下 Ctrl +E 组合键合并所有图层。选择"图像"→"模式"→"Lab

颜色"命令，将图像转换为 Lab 模式，如图 9-18 所示。

（11）选择"滤镜"→"锐化"→"USM 锐化"命令，打开"USM 锐化"对话框，设置参数分别为 83%，9.5 像素，5 色阶，如图 9-19 所示。

（12）单击"确定"按钮，得到锐化后的图像如图 9-20 所示。将图像转换回 RGB 模式，完成本实例的制作。

图 9-18　调整颜色模式

图 9-19　锐化图像

图 9-20　锐化效果

技巧提示：

如果直接在 RGB 模式里做锐化，会让头发出现发白的现象，锐化后的效果很生硬。而转成 Lab 模式可以让头发出现一丝一丝的真实效果，这样色彩不受影响。

9.3　宝贝白里透红的苹果脸

秋季是一个美好的季节，金黄的树叶、甜甜的笑脸都是摄影爱好者非常喜欢的元素。对于这种暖色调的图像，宝贝脸颊上如果能添加一片胭脂红将会显得更加俏皮可爱。

本实例将为宝贝添加红红的脸蛋，实例展示效果如图 9-21 所示。

图 9-21　实例效果

设计构思：

本实例制作的是白里透红的苹果脸，让宝贝显得更加天真可爱。下面将分两个步骤介绍本实例的设计构思，如图 9-22 所示。

1 通过调整图像颜色，增加图像中的暖色调，让图像变得更加柔和、温暖。

2 在脸颊两侧绘制出红色图像，然后通过特殊处理得到红润自然的肤色。

图 9-22　本实例的设计构思

素材路径	光盘 / 素材 / 第 9 章 /9.3	实例路径	光盘 / 实例 / 第 9 章

本实例具体的操作步骤如下：

（1）按下 Ctrl+O 组合键，打开图像"素材 / 第 9 章 /9.3/ 红帽姑娘 .jpg"，将为图像中的宝贝添加红彤彤的脸蛋效果，如图 9-23 所示。

（2）按下 Ctrl+J 组合键复制"背景"图层，得到"图层 1"，如图 9-24 所示。

图 9-23　打开素材图像　　　　　图 9-24　复制"背景"图层

（3）设置该图层混合模式为"线性减淡（添加）"，"不透明度"为 45%，如图 9-25 所示，得到的图像效果如图 9-26 所示。

（4）选择"图层"→"新建调整图层"→"色相 / 饱和度"命令，在打开的对话框中默认设置。进入"属性"面板，选择"黄色"选项进行调整，设置参数分别为 –10，14，24，如图 9-27 所示，得到的图像效果如图 9-28 所示。

图 9-25 设置图层属性

图 9-26 图像效果（1）

图 9-27 调整图像颜色

图 9-28 图像调整效果

（5）下面来添加红彤彤的苹果脸。新建一个图层，选择椭圆选框工具在人物脸蛋两侧分别绘制一个椭圆形选区，如图 9-29 所示。

（6）设置前景色为洋红色（R232，G57，B86），按下 Alt+Del 组合键填充选区，然后按下 Ctrl+D 组合键取消选区，如图 9-30 所示。

图 9-29 绘制椭圆选区

图 9-30 填充选区

（7）选择"滤镜"→"模糊"→"高斯模糊"命令，打开"高斯模糊"对话框，设置"半径"为 15 像素，如图 9-31 所示。

（8）单击"确定"按钮，得到图像模糊效果如图 9-32 所示。

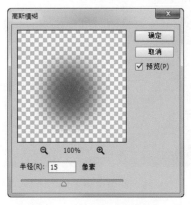

图 9-31 设置高斯模糊参数

图 9-32 图像效果（2）

（9）在"图层"面板中设置该图层的混合模式为"色相"，如图 9-33 所示，得到非常自然的红脸蛋效果，如图 9-34 所示。

图 9-33 设置图层混合模式

图 9-34 红脸蛋效果

（10）复制一次"图层 2"，得到"图层 2 拷贝"，将该图层混合模式改变为"正常"，设置图层"不透明度"为 13%，如图 9-35 所示，得到的图像效果如图 9-36 所示，完成本实例的制作。

图 9-35 设置图层属性

图 9-36 图像效果（3）

9.4 神采飞扬的小姑娘

眼睛是心灵的窗户，一双明亮有神采的眼睛能够让人物显得更加生动、活泼。对于眼神的添加，在 Photoshop 里运用几个简单的步骤就能办到。

本实例制作的是一个神采飞扬的小姑娘，实例对比效果如图 9-37 所示。

图 9-37 实例对比效果

设计构思：

本实例是通过添加眼睛中的光亮来制作一双非常有神采的眼睛。下面将分两个步骤介绍本实例的设计构思，如图 9-38 所示。

1 一双有神采的眼睛，必定会搭配一个漂亮的唇色，所以先将唇部颜色调整的比较鲜艳，才能更好的调整眼神。

2 眼睛中高光部分与环境光有着密切的关系，设计师在添加高光时，可以根据环境来决定高光的方向和多少。

图 9-38 本实例的设计构思

素材路径	光盘 / 素材 / 第 9 章 /9.4	实例路径	光盘 / 实例 / 第 9 章

本实例具体的操作步骤如下：

（1）按下 Ctrl+O 组合键，打开图像"素材 / 第 9 章 /9.4/ 马尾姑娘 .jpg"，将为图像中的宝贝添加唇色和眼神，如图 9-39 所示。

（2）选择工具箱中的快速选择工具将图像中人物的唇部选择出来，得到唇部图像选区，如图 9-40 所示。

图 9-39 打开素材图像

图 9-40 获取选区

（3）选择套索工具，单击属性栏中的"从选区减去"按钮，勾选嘴唇中的牙齿部分，得到减选的图像选区，如图 9-41 所示。

（4）选择"选择"→"修改"→"羽化"命令，打开"羽化选区"对话框，设置"羽化半径"为 1 像素，如图 9-42 所示，单击"确定"按钮，得到羽化选区效果。

图 9-41 选区图像

图 9-42 羽化选区

设计点评：

这里的羽化值不宜太大，只需要稍微柔滑一下选区即可。这样能够使填充后的图像边缘更加柔和、自然。

（5）选择"图层"→"新建调整图层"→"色相 / 饱和度"命令，在打开的对话框中默认设置。进入"属性"面板，设置"色相"为 360，"饱和度"为 65，"明度"为 0，如图 9-43 所示。调整后的图像效果如图 9-44 所示。

（6）新建一个图层，得到"图层 1"，设置前景色为白色。选择画笔工具，在属性栏中设置画笔大小为 3 像素，在人物眼球中绘制出高光图像，效果如图 9-45 所示。

（7）在"图层"面板中适当降低"图层 1"的"不透明度"为 75%，再新建一个图层，在高光图像周围再绘制多个光点图像，稍微加大一些高光图像范围，如图 9-46 所示。

图 9-43　调整选区图像颜色

图 9-44　图像效果（1）

图 9-45　添加眼中的高光

图 9-46　眼睛效果

（8）选择"图层"→"新建调整图层"→"色相 / 饱和度"命令，进入"属性"面板，选择"红色"，调整参数分别为 2，36，40，如图 9-47 所示。

（9）在"属性"面板中选择"黄色"，设置参数分别为 –9，27，73，如图 9-48 所示，得到的图像效果如图 9-49 所示，完成本实例的制作。

图 9-47　调整红色调

图 9-48　调整黄色调

图 9-49　图像效果（2）

211

9.5 兔宝宝的美丽世界

每张照片都是一个故事，宝宝头上的兔子耳朵，以及漂亮的花丛都注定了这是一张处理之后非常漂亮的照片。

本实例制作的是一张兔宝宝的美丽世界，实例展示效果如图 9-50 所示。

图 9-50　实例对比效果

设计构思：

本实例制作的是一个调色宝贝照片，将原本灰暗单色调调整的非常明亮。下面将分两个步骤介绍本实例的设计构思，如图 9-51 所示。

1 首先让整个画面明亮起来，再选择人物肌肤图像，从细节上处理肌肤，得到嫩白效果。

2 添加阳光能够让画面充满温暖的感觉，配上宝贝天真的笑容、明亮的眼睛，让图像顿时增色不少。

图 9-51　本实例的设计构思

素材路径	光盘 / 素材 / 第 9 章 /9.5	实例路径	光盘 / 实例 / 第 9 章

本实例具体的操作步骤如下：

（1）按下 Ctrl+O 组合键，打开图像"素材 / 第 9 章 /9.5/ 兔子姑娘 .jpg"，可以看到照片有些灰暗，下面将对照片进行处理。按下 Ctrl+J 组合键复制"背景"图层，得到"图层 1"，如图 9-52 所示。

（2）单击"图层"面板下方的"创建新的填充或调整图层"按钮，在弹出的菜单中选择"亮度/对比度"命令，进入"属性"面板，调整图像整体亮度和对比度，如图9-53所示。

图9-52　复制图层

图9-53　获取选区

（3）按下Ctrl+Alt+2组合键，自动选择高光图像，获取该图像选区，如图9-54所示。

（4）单击"图层"面板下方的"创建新的填充或调整图层"按钮，在弹出的菜单中选择"曲线"命令，进入"属性"面板，在曲线上添加节点，从细节上提升选区图像亮度，如图9-55所示，得到的图像效果如图9-56所示。

图9-54　获取图像选区

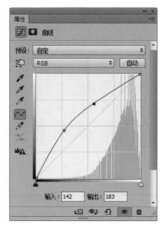

图9-55　调整曲线

图9-56　图像效果（1）

（5）选择"图层"→"新建调整图层"→"色相/饱和度"命令，在打开的对话框中默认设置。进入属性面板，选择"红色"，分别设置参数为10，39，44，如图9-57所示，这时宝贝的肌肤颜色显得更加白里透红，如图9-58所示。

（6）选择"图层"→"新建调整图层"→"自然饱和度"命令，在打开的对话框中默认设置。进入属性面板，分别设置参数为61，38，为图像添加整体饱和度，如图9-59所示，这时图像效果如图9-60所示。

图 9-57　调整红色调

图 9-58　图像效果（2）

图 9-59　增加饱和度

图 9-60　图像效果（3）

（7）按下 Ctrl+Alt+Shift+E 组合键得到盖印图层,如图 9-61 所示。选择"滤镜"→"渲染"→"镜头光晕"命令,在预览框中单击图像右上角选择光亮点,再选择镜头类型为"50-300毫米变焦",设置"亮度"为 150%,如图 9-62 所示。

（8）单击"确定"按钮,得到添加镜头光晕的图像效果如图 9-63 所示。

图 9-61　盖印图层

图 9-62　添加镜头光晕

图 9-63　图像效果（4）

9.6 温情瞬间

　　画面中天真的儿童、可爱的动物，以及绿油油的草地在原图里显得是那么的灰暗。通过软件调整，提高了图像整体明暗度和饱和度，再配上明媚的阳光，让画面感觉非常的温馨。

　　本实例制作的是一张人与动物温情瞬间的照片，实例展示效果如图 9-64 所示。

图 9-64　实例效果

设计构思：

　　本实例制作的是一个小女孩与小狗交流的瞬间照片，画面非常唯美。下面将分两个步骤介绍本实例的设计构思，如图 9-65 所示。

1 因为在一张横式的图像中，人的视觉更容易偏向左边，所以将人物图像放在左侧，照片将作为主题得到突显。

2 零散的光点让图像充满着梦幻的气息，加上增加图像饱和度后的效果，对应了主题温情瞬间。

图 9-65　本实例的设计构思

素材路径	光盘 / 素材 / 第 9 章 /9.6	实例路径	光盘 / 实例 / 第 9 章

本实例具体的操作步骤如下：

（1）按下 Ctrl+O 组合键打开图像"素材 / 第 9 章 /9.6/ 小女孩和狗 .jpg"，下面将调整画面，使整个图像感觉变得非常温馨，如图 9-66 所示。

（2）选择"图层"→"新建调整图层"→"亮度 / 对比度"命令，在打开的对话框中默认设置。进入"属性"面板，增加图像亮度和对比度，如图 9-67 所示。

图 9-66　打开素材图像

图 9-67　调整图像亮度和对比度

（3）增加亮度的图像效果如图 9-68 所示。选择"图层"→"新建调整图层"→"色相"命令，在打开的对话框中默认设置。进入"属性"面板，调整"色相"和"饱和度"参数，如图 9-69 所示。

图 9-68　图像效果（1）

图 9-69　调整图像色调

（4）在"属性"面板中选择"红色"，设置"色相"和"饱和度"分别为 20 和 18，如图 9-70 所示，这时得到的图像效果如图 9-71 所示。

（5）单击"图层"面板底部的"创建新的填充或调整图层"按钮 ，在弹出的菜单中选择"曲线"命令，进入"属性"面板，在曲线上增加两个节点，精细调整图像亮度，如图 9-72 所示。再选择"红"通道调整曲线，增加红色通道亮度，如图 9-73 所示。

图 9-70 调整图像色调

图 9-71 调整后的图像效果

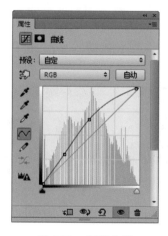

图 9-72 调整曲线

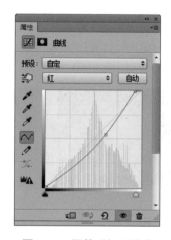

图 9-73 调整"红"通道

（6）选择"绿"通道调整曲线，增加绿色通道亮度，如图 9-74 所示，调整后的图像效果如图 9-75 所示。

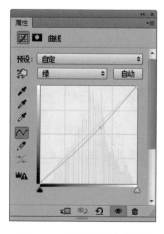

图 9-74 调整"绿"通道

图 9-75 图像效果（2）

（7）按下 Ctrl+Alt+2 组合键获取图像中的高光部分，得到选区如图 9-76 所示。

（8）新建一个调整图层，选择"自然饱和度"命令，在"属性"面板中增加选区中图像的饱和度，如图 9-77 所示。

图 9-76　获取高光图像选区

图 9-77　增加图像饱和度

（9）打开图像"素材 / 第 9 章 /9.6/ 光点 .jpg"，使用移动工具将其拖曳到当前编辑的图像中，放到画面左上方，如图 9-78 所示。

（10）在"图层"面板中设置该图层的混合模式为"颜色减淡"，得到与背景图像自然融合的星光图像效果，如图 9-79 所示。

图 9-78　添加素材图像

图 9-79　图像效果（3）

（11）打开图像"素材 / 第 9 章 /9.6/ 光圈 .jpg"，使用移动工具将其拖曳过来放到画面左上方，并设置图层混合模式为"滤色"，如图 9-80 所示，得到的图像效果如图 9-81 所示，完成本例制作。

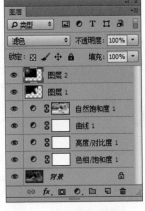

图 9-80　设置图层混合模式

图 9-81　图像效果（4）

9.7 小小飞行员

和之前的儿童照片后期处理相比，这次的图像不只是简单调整颜色，添加一点特殊效果，而是通过添加多个素材图像，合成为一个新的画面，有一种设计感。

本实例制作的是一个小小飞行员，实例展示效果如图 9-82 所示。

图 9-82 实例效果

设计构思：

本实例制作的是一个小孩的飞行梦，通过素材图像合成制作出具有创意的图像。下面将分两个步骤介绍本实例的设计构思，如图 9-83 所示。

1 将人物放到画面中间，除了能够突出主题外，还为了配合后期绘制出彩虹图像。

2 添加文字，点亮主题。文字以数字和汉字结合的方式排列有序，将其放到画面右上方也是为了设计上的平衡性。

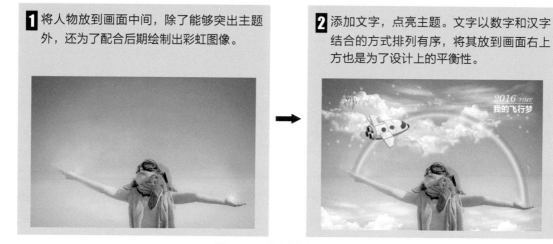

图 9-83 本实例的设计构思

素材路径	光盘 / 素材 / 第 9 章 /9.7	实例路径	光盘 / 实例 / 第 9 章

本实例具体的操作步骤如下：

（1）选择"文件"→"新建"命令，打开"新建"对话框，设置文件"名称"为"小小飞行员"，宽度和高度为 27 厘米和 18 厘米，分辨率为 96 像素 / 英寸，如图 9-84 所示。

（2）选择渐变工具，在属性栏中单击渐变色条，打开"渐变编辑器"对话框，设置渐变颜色从粉绿色（R119，G160，B146）到淡黄色（R232，G223，B184），然后在背景图像中从上到下应用线性渐变填充，如图9-85所示。

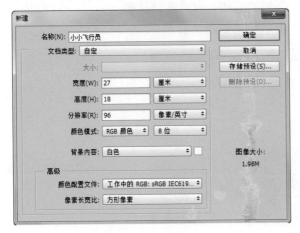

图9-84　新建图像　　　　　　　　　　　　图9-85　渐变填充图像

（3）打开图像"素材/第9章/9.7/飞行男孩.psd"，使用移动工具将其拖曳到当前编辑的图像中，放到画面下方，如图9-86所示。

（4）选择背景图层，选择工具箱中的加深工具，在属性栏中设置画笔大小为300像素，涂抹图像边缘处，加深图像颜色，使人物周围颜色显得更淡一些，如图9-87所示。

图9-86　添加素材图像　　　　　　　　　　图9-87　加深图像颜色

（5）下面来制作彩虹图像。按下Ctrl+E组合键向下合并图层，然后单击"图层"面板底部的"创建新图层"按钮，得到新建的图层1，如图9-88所示。

（6）选择矩形选框工具，在图像中绘制一个矩形选区，如图9-89所示。

（7）选择渐变工具，在属性栏中单击渐变色条，打开"渐变编辑器"对话框，设置渐变颜色从蓝色（R45，G193，B230）到黄色（R253，G252，B153）到红色（R235，G97，B93），并设置上面透明的色标分别为0，100，0，如图9-90所示。

（8）单击"确定"按钮回到画面中，在属性栏中选择"渐变类型"为"径向渐变"，然后按住Shift键在选区底部中间向上拖动鼠标进行渐变填充，得到彩虹图像，如图9-91所示。

图 9-88　新建图层

图 9-89　绘制矩形选区

图 9-90　设置渐变颜色

图 9-91　渐变填充

（9）按下 Ctrl+D 组合键取消选区，再按下 Ctrl+T 组合键适当调整彩虹图像大小，并旋转图像，将彩虹的两端刚好放到人物手中，效果如图 9-92 所示。

（10）选择橡皮擦工具，在属性栏中设置画笔大小为 60 像素，对彩虹图像两端和手部交接的图像进行擦除，使彩虹图像自然的落到小孩的手中，如图 9-93 所示。

图 9-92　调整彩虹大小

图 9-93　擦除彩虹两头图像

（11）打开图像"素材 / 第 9 章 /9.7/ 热气球 .psd"，使用移动工具将其拖曳到当前编辑的图像中，放到画面最左侧上方，如图 9-94 所示。

（12）打开图像"素材 / 第 9 章 /9.7/ 云层 .psd"，将其添加到图像中，放到画面左上方，形成云层遮住热气球和彩虹图像的效果，如图 9-95 所示。

图 9-94　添加热气球

图 9-95　添加云层

（13）单击"图层"面板底部的"添加图层蒙版"按钮，设置前景色为黑色，背景色为白色，使用画笔工具适当擦除云层与彩虹的交接图像，使彩虹在云层中若隐若现，如图 9-96 所示。

（14）按下 Ctrl+J 组合键两次，复制两次云层图像，适当调整图像大小，将其移动到图像下方，分别放到人物的左右两侧空白处，如图 9-97 所示。

图 9-96　创建图层蒙版

图 9-97　添加下面的云层

（15）打开图像"素材 / 第 9 章 /9.7/ 卡通飞机 .jpg"，选择工具箱中的魔棒工具，在属性栏中设置容差值为 20，单击白色背景获取选区，如图 9-98 所示。

（16）按下 Ctrl+Shift+I 组合键反选选区，得到飞机图像的选区，使用移动工具将其拖曳到当前编辑的图像中，放到彩虹图像左侧，如图 9-99 所示。

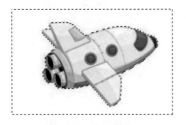

图 9-98　获取选区

图 9-99　移动图像

（17）新建一个图层，选择画笔工具，单击属性栏中的按钮，打开"画笔"面板，选择画笔样式为"柔角"，设置画笔"大小"为15，"间距"为140%，如图 9-100 所示。

（18）选择"形状动态"选项，设置"大小抖动"为100%，如图 9-101 所示。再选择"散布"选项，选择"两轴"复选框，设置参数为1000%，如图 9-102 所示

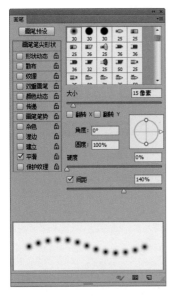

图 9-100　设置画笔属性

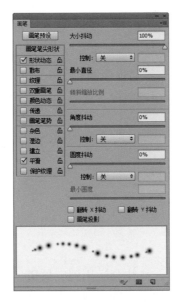

图 9-101　设置"形状动态"

图 9-102　设置"散布"

（19）设置前景色为白色，使用画笔工具在图像上方绘制出多个圆形图像，得到类似星光的图像效果，如图 9-103 所示。

（20）选择横排文字工具，在图像右上方输入文字 2016 TIME，并在属性栏中设置字体为 CentSchbkCyrill BT，适当调整文字大小后填充为白色，如图 9-104 所示。

图 9-103　绘制白色圆点

图 9-104　输入文字

设计点评：

　　　　这里绘制白色圆点可以随意一些，有些地方可以多两笔，有些地方少两笔，让圆点散布的不太均匀，这样更加有层次感。

（21）新建一个图层，选择矩形选框工具在文字下方绘制一个细长的矩形选区，填充为白色，如图 9-105 所示。

（22）在细长矩形下方再输入文字"我的飞行梦"，在属性栏中设置字体为微软雅黑，并填充为白色，如图 9-106 所示，完成本实例的制作。

图 9-105　绘制矩形

图 9-106　完成效果

9.8　变脸小天使

柔和的粉色属于温馨的色彩，往往会运用到宝贝摄影和较为温和的场景中。这里添加了一些卡通元素，让原本平淡的照片顿时显得生动起来。

本实例制作的是一张变脸小天使，实例展示效果如图 9-107 所示。

设计构思：

本实例制作的是一个宝贝变脸的画面，图像效果非常生动、活泼。下面将分两个步骤介绍本实例的设计构思，如图 9-108 所示。

图 9-107　实例效果

1 调整图像整体色调，让粉红色更加柔和，画面饱和度更高。

2 在人物面部添加了眼镜和胡子，让女宝宝变成了知识男青年，这种强大的反差让画面变得非常搞笑。

图 9-108　本实例的设计构思

素材路径	光盘 / 素材 / 第 9 章 /9.8	实例路径	光盘 / 实例 / 第 9 章

本实例具体的操作步骤如下：

（1）按下 Ctrl+O 组合键，打开图像"素材 / 第 9 章 /9.8/ 可爱宝贝 .jpg"，如图 9-109 所示，接下来调整图像整体亮度和色调。

（2）选择"图像"→"调整"→"亮度 / 对比度"命令，打开"亮度 / 对比度"对话框，设置"亮度"为 74，"对比度"为 29，如图 9-110 所示。

图 9-109　打开素材图像

图 9-110　设置亮度 / 对比度参数

（3）单击"确定"按钮，得到调整亮度后的图像效果如图 9-111 所示。

（4）选择"图像"→"调整"→"曲线"命令，打开"曲线"对话框，在曲线上添加两个节点，精细调整图像亮度，如图 9-112 所示，单击"确定"按钮增强图像亮度。

图 9-111　图像亮度效果

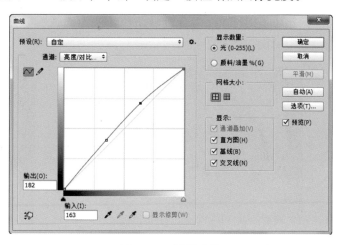

图 9-112　调整曲线

（5）选择"图像"→"调整"→"自然饱和度"命令，打开"自然饱和度"对话框，设置参数分别为 38，76，如图 9-113 所示，单击"确定"按钮，得到增加图像饱和度效果如图 9-114 所示。

（6）新建一个图层，选择钢笔工具在宝宝的唇部上方绘制一个胡子造型的图形，如图 9-115 所示。

（7）按下 Ctrl+Enter 组合键将路径转换为选区，设置前景色为土红色（R94，G20，B47），按下 Alt+Del 组合键填充选区，如图 9-116 所示。

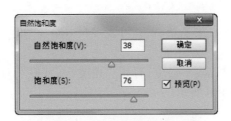

图9-113　调整图像饱和度

图9-114　图像效果

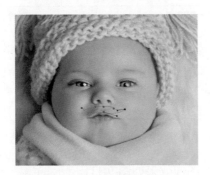

图9-115　绘制胡子图形

图9-116　填充图像（1）

（8）新建一个图层，使用钢笔工具在宝宝的眼睛周围绘制一个眼镜图形，如图9-117所示。按下Ctrl+Enter组合键将路径转换为选区后填充为黑色，如图9-118所示，得到戴眼镜的宝贝图。

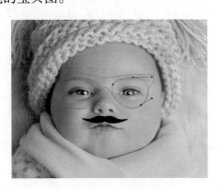

图9-117　绘制眼镜图形

图9-118　填充图像（2）

（9）新建一个图层，选择套索工具，单击属性栏中的"添加到选区"按钮，在背景图像右上方绘制多个云朵状的选区，如图9-119所示，得到戴眼镜的宝贝图。

（10）设置前景色为白色，按下Alt+Del组合键填充选区，如图9-120所示。

（11）保持选区状态,选择"编辑"→"描边"命令,打开"描边"对话框,设置描边"颜色"为黑色，"宽度"为"4像素"，如图9-121所示，单击"确定"按钮，得到图像描边效果如图9-122所示。

图 9-119　绘制选区

图 9-120　填充图像（3）

图 9-121　设置描边参数

图 9-122　描边图像

（12）打开图像"素材 / 第 9 章 /9.8/ 蝴蝶 .psd"，使用移动工具将其拖曳到当前编辑的图像中，适当缩小图像放到画面右下方，如图 9-123 所示。

（13）选择白色云朵图像所在图层，按下 Ctrl+J 组合键复制一次图层，按下 Ctrl+T 组合键缩小图像，放到蝴蝶图像左上侧，如图 9-124 所示。

图 9-123　添加蝴蝶图像

图 9-124　复制图像

（14）选择"编辑"→"变换"→"水平翻转"命令，水平翻转复制的云朵图像，适当调整图像位置，形成与蝴蝶图像对话的效果，如图 9-125 所示。

（15）选择横排文字工具，在白色云朵图像中分别输入 What 和"变脸公主"，在属性栏中设置合适的卡通类字体，填充为黑色，如图 9-126 所示，完成本实例的制作。

图 9-125　水平翻转图像

图 9-126　输入文字

9.9　宝贝日记

宝贝的照片较多时，完全可以制作成一个相册，用日记或其他方式记录下来，将成长时间、发生的事件都做一个详细的记录是一件非常有意义的事情。

本实例制作的是一张宝贝日记，实例展示效果如图 9-127 所示。

设计构思：

本实例制作的是一个宝贝日记，其实这是一本相册的封面。下面将分两个步骤介绍本实例的设计构思，如图 9-128 所示。

图 9-127　实例效果

1 根据人物性别定好画面的整体色调，这里制作的是女宝宝的照片，所以运用粉红色为主要色调。如果是男性宝宝，则可以使用蓝色调。

2 添加人物图像后，再为其添加边框、花朵等各种素材图像，让画面变得更充实。

图 9-128　本实例的设计构思

素材路径	光盘 / 素材 / 第 9 章 /9.9	实例路径	光盘 / 实例 / 第 9 章

本实例具体的操作步骤如下：

（1）选择"文件"→"新建"命令，打开"新建"对话框，设置文件"名称"为"宝贝日记"，"宽度"和"高度"为 20 厘米和 30 厘米，如图 9-129 所示。

（2）选择渐变工具 ，单击属性栏中的渐变色条，打开渐变编辑器，设置渐变颜色从桃红色（R254，G170，B176）到桃红色（R254，G170，B176）到粉红色（R254，G237，B234），如图 9-130 所示。

图 9-129　新建图像

图 9-130　设置渐变颜色

（3）单击"确定"按钮，选择属性栏中的"线性渐变"按钮 ，在图像底部按住鼠标左键从下到上拖曳鼠标应用渐变填充，如图 9-131 所示。

（4）选择加深工具，在属性栏中设置画笔大小为 300，在图像上方和底部两侧涂抹，做加深处理，效果如图 9-132 所示。

（5）打开素材图像"素材 / 第 9 章 /9.9/ 彩球宝贝 .jpg"，使用移动工具将其拖曳到当前编辑的图像中，放到画面右上方，如图 9-133 所示。

图 9-131　渐变填充图像

图 9-132　加深图像颜色

图 9-133　添加素材图像（1）

（6）选择"图层"→"图层蒙版"→"显示全部"命令，进入图层蒙版状态，使用画笔工具对人物图像周围做涂抹，隐藏图像，使图像边缘与背景自然融合在一起，如图 9-134 所示。

（7）打开素材图像"素材 / 第 9 章 /9.9/ 花朵 1.psd"，使用移动工具将其拖曳到当前编辑的图像中，放到画面左下方，如图 9-135 所示。

（8）在"图层"面板中设置图层"不透明度"为 40%，得到图 9-136 所示的效果。

图 9-134　添加图层蒙版　　　　图 9-135　添加素材图像（2）　　　　图 9-136　添加图层蒙版

（9）新建一个图层，设置前景色为白色，选择画笔工具，在属性栏中设置画笔为柔角，大小为 700 像素，然后分别在画面四周绘制白色柔和图像，效果如图 9-137 所示。

（10）打开图像"素材 / 第 9 章 /9.9/ 花朵 2.psd"，使用移动工具将其拖曳到当前编辑的图像中，放到画面左下方，如图 9-138 所示。

（11）分别选择两个花朵图像，复制多次图像，并适当缩小对象，放到画面四周，排列效果如图 9-139 所示。

图 9-137　降低图像不透明度效果　　　图 9-138　添加另一个花朵图像　　　图 9-139　复制多个图像

（12）打开图像"素材 / 第 9 章 /9.9/ 花朵 3.psd"，使用移动工具将其拖曳到当前编辑的图像中，放到画面右下方，如图 9-140 所示。

（13）打开图像"素材 / 第 9 章 /9.9/ 边框 .psd"，使用移动工具将其拖曳到当前编辑的图像中，适当调整图像大小，得到边框图像，如图 9-141 所示。

图 9-140　添加素材图像（3）

图 9-141　添加边框图像

（14）新建一个图层，按下 Ctrl+A 组合键得到所有图像选区。选择矩形选框工具，按住 Alt 键沿着花边边框图像绘制一个较小的矩形选区，如图 9-142 所示，填充为粉红色（R255，G239，B242），如图 9-143 所示。

图 9-142　绘制选区

图 9-143　填充选区（1）

（15）新建一个图层，选择多边形套索工具在图像下方绘制一个多边形选区，填充为白色，如图 9-144 所示。

（16）选择钢笔工具在白色图像左上方绘制一个折角图形，如图 9-145 所示。

（17）按下 Ctrl+Enter 组合键将路径转换为选区，设置前景色为灰黄色（R215，G210，B200），填充选区，如图 9-146 所示。

（18）按下 Shift+Ctrl+I 组合键反选选区，使用画笔工具绘制折角的投影图像，效果如图 9-147 所示。

图 9-144　绘制多边形图像

图 9-145　绘制折角图形

图 9-146　填充选区（2）

图 9-147　绘制折角阴影

（19）选择钢笔工具在白色图像中绘制一个相似的图形，作为白色图像的投影，如图 9-148 所示。

（20）将路径转换为选区，选择"选择"→"修改"→"羽化"命令，打开"羽化选区"对话框，设置"羽化半径"为 30，如图 9-149 所示，单击"确定"按钮。

图 9-148　绘制路径

图 9-149　羽化选区

（21）设置前景色为浅灰色（R226，G221，B213），按下 Alt+Del 组合键填充选区，并在"图层"面板中将其放到白色图像下一层，得到投影效果如图 9-150 所示。

（22）新建一个图层，选择多边形套索工具在白色图像中绘制一个四边形选区，填充为淡黄色（R248，G236，B222），如图 9-151 所示。

图 9-150　制作投影

图 9-151　填充选区（3）

（23）选择橡皮擦工具对淡黄色图像左上方做适当的擦除，使折角图像显现出来，如图 9-152 所示。

（24）打开图像"素材 / 第 9 章 /9.9/ 乖宝贝 .psd"，使用移动工具将其拖曳到当前编辑的图像中，适当调整图像大小，放到淡黄色图像中，如图 9-153 所示。

图 9-152　擦除图像

图 9-153　添加素材图像（4）

（25）选择"图层"→"创建剪贴蒙版"命令，效果如图 9-154 所示。

（26）打开图像"素材 / 第 9 章 /9.9/ 夹子 .psd"，使用移动工具将其移动过来放到白色矩形图像右上方，如图 9-155 所示。

图 9-154　创建剪贴图层

图 9-155　添加素材图像

（27）打开图像"素材／第9章／9.9／蝴蝶结.psd"，使用移动工具将其拖曳过来放到画面左上方，如图9-156所示。

（28）选择直排文字工具，在蝴蝶结图像下方分别输入中英文两行文字，在属性栏中设置合适的字体，然后填充为红色（R231，G11，B8），如图9-157所示。

图9-156　添加蝴蝶结图像

图9-157　输入文字

设计点评：

文字其实跟一张好的照片一样，不管是自己设计，还是去找素材，首先主题意思要明确，围绕大的主题去做一些小的修饰和衬托。这种修饰可以附带小色彩的浓淡加以区分。

9.10　我是小蜜蜂

影楼拍摄的照片用来制作后期合成图像，效果会更好。选择几张风格近似的照片，通过排列方式、大小的不同，再添加上各种素材图像，得到一个新的画面。

本实例制作的是一个宝贝合成图像，实例展示效果如图9-158所示。

图9-158　实例效果

设计构思：

　　本实例制作的是一个小蜜蜂合成图像，画面清新、活泼。下面将分两个步骤介绍本实例的设计构思，如图 9-159 所示。

1 选择主体照片时要注意与背景色相似，并且宝贝的表情、服饰等要有特色。

2 在画面左侧添加了其他的照片作为次要照片，但通过周围的绿色方框，同样能够吸引人的目光。

图 9-159　本实例的设计构思

素材路径	光盘 / 素材 / 第 9 章 /9.10	实例路径	光盘 / 实例 / 第 9 章

　　本实例具体的操作步骤如下：

　　（1）选择"文件"→"新建"命令，打开"新建"对话框，设置文件"名称"为"我是小蜜蜂"，"宽度"和"高度"为 41 厘米和 30 厘米，如图 9-160 所示。

　　（2）设置前景色为绿色（R205，G214，B148），选择画笔工具，在属性栏中设置画笔大小为 200 像素，在图像四周进行涂抹，得到绿色环绕的效果，如图 9-161 所示。

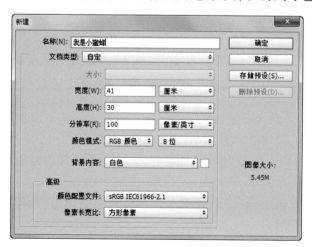

图 9-160　新建图像

图 9-161　绘制周围图像

（3）选择矩形选框工具在画面底部绘制一个矩形选区，然后再按住 Shift 键通过加选选区在画面顶部也绘制一个矩形选区，填充为绿色（R121，G203，B49），如图 9-162 所示。

（4）打开图像"素材 / 第 9 章 /9.10/ 圆点 .psd"，选择移动工具将其拖曳到当前编辑的图像中，放到画面左侧，如图 9-163 所示。

图 9-162　绘制矩形

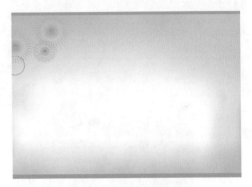

图 9-163　添加圆点图像

（5）按下 Ctrl+J 组合键复制一次圆点图像，使用移动工具将其移动到画面右侧，如图 9-164 所示。

（6）新建一个图层，选择钢笔工具在图像中绘制多条曲线，参照图 9-165 所示的样式绘制。

图 9-164　复制图像

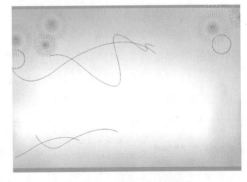

图 9-165　绘制曲线路径

（7）选择画笔工具，单击属性栏中的"切换画笔面板"按钮，打开"画笔"面板，选择画笔为柔角 10，设置"硬度"为 40%，"间距"为 126%，如图 9-166 所示。

（8）设置前景色为绿色（R121，G203，B49），单击"路径"面板底部的"用画笔描边路径"按钮，得到圆点路径图像如图 9-167 所示。

（9）打开图像"素材 / 第 9 章 /9.10/ 宝贝 1.jpg"，使用移动工具将其拖曳到当前编辑的图像中，放到画面右下方，如图 9-168 所示。

（10）单击"图层"面板底部的"添加图层蒙版"按钮，设置前景色为黑色背景色为白色，然后对人物图像四周进行涂抹，隐藏部分图像，如图 9-169 所示。

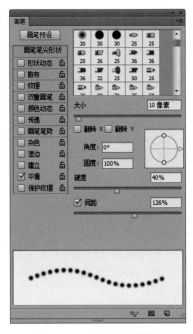

图 9-166　设置画笔属性

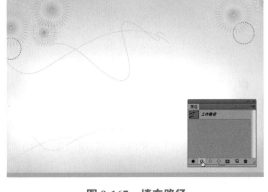

图 9-167　填充路径

图 9-168　添加宝贝图像（1）

图 9-169　添加图层蒙版

（11）新建一个图层，选择圆角矩形工具，在属性栏中设置"半径"为10像素，然后在宝贝图像左上方绘制一个圆角矩形，如图9-170所示。

（12）按下 Ctrl+Enter 组合键将路径转换为选区，选择渐变工具，在属性栏中设置渐变颜色从草绿色（R31，G146，B54）到浅绿色（R123，G195，B52），然后单击"线性渐变"按钮■，在选区左上角按住鼠标左键向选区右下方拖动，填充选区效果如图9-171所示。

（13）按下 Ctrl+D 组合键取消选区，再按下 Ctrl+T 组合键适当旋转圆角矩形图像，效果如图9-172所示。

图 9-170　绘制圆角矩形

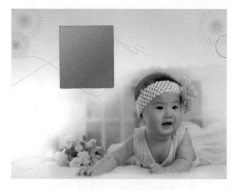

图 9-171　渐变填充选区

图 9-172　旋转图像

（14）新建一个图层，选择自定形状工具 ，单击属性栏中"形状"按钮右侧的三角形按钮，在弹出的面板中选择"红心形卡"，如图 9-173 所示。

（15）在图像中按住 Shift 键绘制一个心形图形，按下 Ctrl+Enter 组合键将路径转换为选区，填充为淡绿色（R139，G200，B152），如图 9-174 所示。

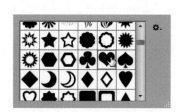

图 9-173　选择心形图形

图 9-174　绘制心形图像

（16）按下 Ctrl+T 组合键适当缩小图像，并做与圆角矩形相同角度的选择，放到圆角矩形左上方，如图 9-175 所示。

（17）复制多个心形图像，使用移动工具将其排列成一行，然后再排列成多列，效果如图 9-176 所示。

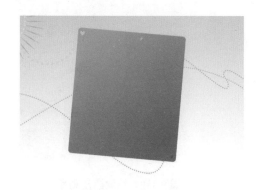

图 9-175　缩小图像

图 9-176　复制多个心形图像

（18）新建一个图层，选择多边形套索工具在圆角矩形中绘制一个四边形选区，并将其填充为白色，如图 9-177 所示。

（19）新建一个图层，选择自定形状工具 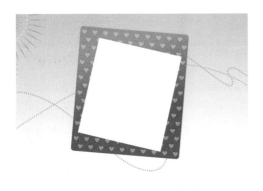，在属性栏中选择形状为"圆形边框"，然后在图像中绘制一个圆环图像，将路径转换为选区后填充为白色，效果如图 9-178 所示。

图 9-177　绘制白色四边形

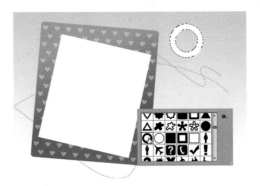

图 9-178　绘制圆环图像

（20）选择矩形选框工具框选半个圆环图像，按下 Del 键删除选区中的图像，效果如图 9-179 所示。

（21）按下 Ctrl+T 组合键适当缩小图像，并将其旋转为与白色图像相同的角度，放到白色矩形左上方外侧，如图 9-180 所示。

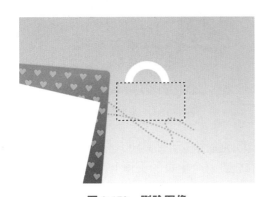

图 9-179　删除图像

图 9-180　缩小半圆环图像

（22）复制多个半圆环图像，适当调整图像角度，将其沿着白色图像边缘排列，形成一圈半圆环图像围绕的效果，如图 9-181 所示。

（23）打开图像"素材 / 第 9 章 /9.10/ 宝贝 2.jpg"，使用移动工具将其拖曳到当前编辑的图像中，适当调整图像大小和角度，将其放到白色图像中间，如图 9-182 所示。

（24）按住 Ctrl 键在"图层"面板中选择两个圆形矩形和心形图像、半圆环图像，按下 Ctrl+E 组合键合并图层，再使用移动工具将其移动到左下方，适当调整图像大小，如图 9-183 所示。

图 9-181　复制多个半圆环图像

图 9-182　添加宝贝图像

图 9-183　复制图像

（25）打开图像"素材 / 第 9 章 /9.10/ 宝贝 3.jpg"，使用移动工具将其拖曳到当前编辑的图像中，适当调整图像大小和角度，将其放到复制的圆角白色图像中，如图 9-184 所示。

（26）打开图像"素材 / 第 9 章 /9.10/ 草丛 .psd"，使用移动工具将其拖曳过来放到画面下方，并按住 Ctrl 键移动复制一次草丛图像，将其排列成一排，如图 9-185 所示。

图 9-184　添加宝贝图像（2）

图 9-185　添加草丛图像

（27）打开图像"素材 / 第 9 章 /9.10/ 蜜蜂 .psd"，使用移动工具将其拖曳到当前编辑的图像中，适当调整图像大小和角度，分别将蜜蜂图像放到每个宝贝的头顶上，如图 9-186 所示。

（28）打开图像"素材 / 第 9 章 /9.10/ 文字 .psd"，使用移动工具将其拖曳过来放到画面右上方，如图 9-187 所示，完成本实例的制作。

图 9-186　添加蜜蜂图像

图 9-187　添加文字

9.11 甜心宝贝

卡通绘图是儿童照片后期处理中运用较为广泛的方法。丰富的色彩、活泼可爱的卡通文字都能够为画面增色不少。

画面整体构图均匀合理，图像和人物照片的排放有一定的规律，让看似复杂的画面显得乱而有序。

本实例制作的是一张甜心宝贝图像，实例展示效果如图 9-188 所示。

图 9-188 实例效果

设计构思：

本实例制作的是一个甜心宝贝图像，画面活泼。下面将分两个步骤介绍本实例的设计构思，如图 9-189。

1 将人物图像放到左侧，并且放大处理，能够一下就抓住人们的眼球。

2 在输入文字之前绘制一些卡通图像，使其与文字很好地结合在一起，更能表达出画面设计的随意感。

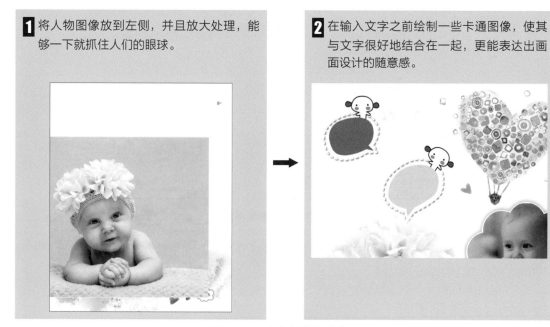

图 9-189 本实例的设计构思

素材路径	光盘 / 素材 / 第 9 章 /9.11	实例路径	光盘 / 实例 / 第 9 章

本实例具体的操作步骤如下：

（1）选择"文件"→"新建"命令，打开"新建"对话框，设置文件"名称"为"甜心宝贝"，"宽度"和"高度"为 23 厘米和 28.5 厘米，如图 9-190 所示。

（2）打开图像"素材 / 第 9 章 /9.11/ 云层 .psd"，选择移动工具将其拖曳到当前编辑的图像中，放到画面下方，如图 9-191 所示。

图 9-190　新建图像

图 9-191　添加图像

（3）新建一个图层，选择画笔工具，在属性栏画笔样式中设置"大小"为 60 像素，"硬度"为 60%，"不透明度"为 30%，如图 9-192 所示。

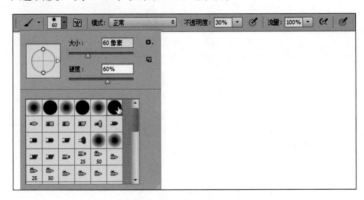

图 9-192　设置画笔样式

（4）设置前景色为桃红色（R243，G100，B153），在画面中多次单击鼠标，绘制出一个桃心图像，如图 9-193 所示。

（5）使用相同的方法分别绘制出蓝色、黄色、绿色等多种颜色的桃心图像，如图 9-194 所示。

图 9-193　绘制桃心图像

图 9-194　绘制多个桃心图像

（6）打开图像"素材 / 第 9 章 /9.11/ 彩虹 .psd"，使用移动工具将其拖曳到当前编辑的图像中，放到画面右下方，如图 9-195 所示。

（7）打开图像"素材 / 第 9 章 /9.11/ 甜心宝贝 .jpg"，选择移动工具将其拖曳到当前编辑的图像中，适当调整图像大小，放到画面左下方，如图 9-196 所示。

图 9-195　添加彩虹图像

图 9-196　添加甜心宝贝

（8）单击"图层"面板底部的"添加图层蒙版"按钮，设置前景色为黑色，背景色为白色，使用画笔工具在人物图像周围进行涂抹，隐藏部分图像，如图 9-197 所示。

（9）打开图像"素材 / 第 9 章 /9.11/ 爱心气球 .jpg"，选择移动工具将其拖曳到当前编辑的图像中，适当调整大小后放到画面右侧，如图 9-198 所示。

图 9-197　隐藏部分图像

图 9-198　添加爱心气球

（10）选择工具箱中的自定形状工具 ，单击属性栏中"形状"右侧的三角形按钮，在弹出的面板中选择"花 1"图形，如图 9-199 所示。

（11）在甜心宝贝的右侧绘制花瓣图形，按下 Ctrl+Enter 组合键将路径转换为选区，填充为白色，如图 9-200 所示。

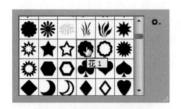

图 9-199　选择花瓣图形

图 9-200　绘制花瓣图像

（12）选择"图层"→"图层样式"→"描边"命令，打开"图层样式"对话框，设置描边"大小"为 6 像素，"颜色"为白色，如图 9-201 所示。

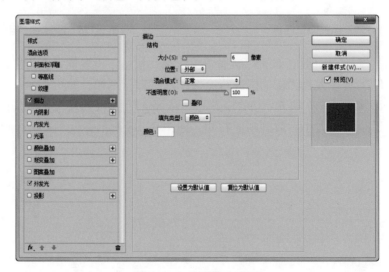

图 9-201　设置描边选项

（13）选择"外发光"选项，设置外发光颜色为蓝色（R127，G222，B251），其他参数设置如图 9-202 所示。

（14）单击"确定"按钮，得到添加图层样式后的效果如图 9-203 所示。

（15）打开图像"素材 / 第 9 章 /9.11/ 笑呵呵 .jpg"，选择移动工具将其拖曳到当前编辑的图像中，将其调整的稍微比花瓣图像大一些，其他参数设置如图 9-204 所示。

（16）选择"图层"→"创建剪贴蒙版"命令，将宝宝图像叠加到花瓣图像中，效果如图 9-205 所示。

（17）选择花瓣图像所在图层，按下 Ctrl+J 组合键复制一次该图层，使用移动工具将其移动到下方，适当缩小图像，如图 9-206 所示。

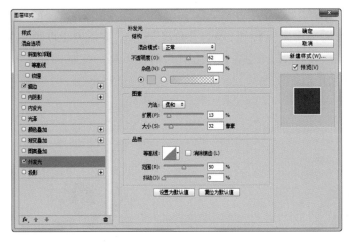

图 9-202　设置外发光样式　　　　　　图 9-203　图像效果（1）

图 9-204　添加宝宝素材图像　　　图 9-205　创建剪贴图层效果　　　图 9-206　复制并缩小图像

（18）打开图像"素材 / 第 9 章 /9.11/ 小宝贝 .jpg"，选择移动工具将其拖曳到当前编辑的图像中，放到复制的小花瓣图像上方，如图 9-207 所示。

（19）选择"图层"→"创建剪贴图层"命令，得到剪贴图像效果如图 9-208 所示。

图 9-207　添加素材图像（1）　　　　图 9-208　创建剪贴图像

（20）选择矩形选框工具在图像中绘制一个正方形选区，填充为黑色，然后选择"编辑定义画笔预设"命令，在打开的对话框中默认设置，单击"确定"按钮，如图9-209所示。

（21）删除选区中的图像。新建一个图层，选择工具箱中的钢笔工具，在画面左上方绘制一个圆形的指标箭头图形，如图9-210所示。

图9-209　定义画笔预设

图9-210　绘制箭头图形

（22）选择画笔工具，在"画笔"面板中选择刚才所定义的画笔，设置"大小"为18像素，"间距"为130%，如图9-211所示。

（23）打开"路径"面板，单击面板底部的"用画笔描边路径"按钮，使用画笔对路径做描边，效果如图9-212所示。

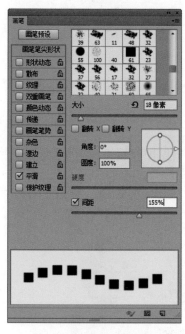

图9-211　设置画笔属性

图9-212　描边路径

（24）选择"图层"→"图层样式"→"投影"命令，打开"图层样式"对话框，设置投影颜色为黑色，其他参数设置如图9-213所示。

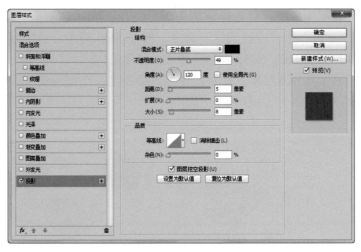

图 9-213　设置投影样式

（25）选择"颜色叠加"选项，设置叠加的颜色为白色，如图 9-214 所示。单击"确定"按钮，得到添加图层样式的图像效果如图 9-215 所示。

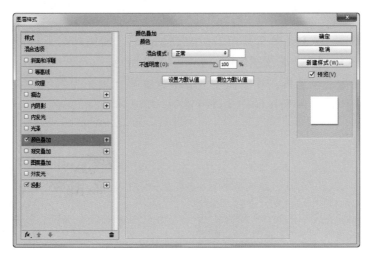

图 9-214　设置颜色叠加样式

图 9-215　图像效果

（26）在"路径"面板中重新选择该箭头图形路径，按下 Ctrl+Enter 组合键将路径转换为选区，选择"选区"→"变换选区"命令，按住 Shift 键中心适当缩小选区，确定后填充为洋红色（R235，G110，B155），如图 9-216 所示。

（27）结合钢笔工具和图层样式命令的使用再绘制另一个圆形箭头图像，将中间填充为黄色（R255，G241，B0），如图 9-217 所示。

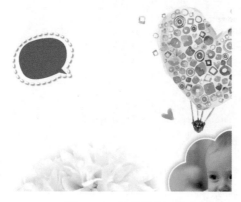
图 9-216　填充选区

图 9-217　绘制另一个箭头图像

（28）打开图像"素材 / 第 9 章 /9.11/ 小白脸 .psd"，使用移动工具将其拖曳到当前编辑的图像中，分别放到两个虚线图像中，如图 9-218 所示。

（29）选择横排文字工具，在图像左上方输入文字，填充为黑色，字体可以设置较为卡通的样式，参照图 9-219 所示的样式进行排版，完成本实例的制作。

图 9-218　添加素材图像（2）

图 9-219　输入文字

第 10 章　旅拍摄影作品全修饰

【让照片变得更具艺术感】

　　旅行,不仅扩大了一个人的视野,也极大地提高了摄影师们的摄影功力。在旅行拍摄中,如何拍好当地的风景人文往往会成为一个很大的问题。这个不是缺少机会的问题,旅行时几乎在每一个角落都可以遇到难以置信的和最上镜的场景。然而,很多人由于缺乏经验而错过了许许多多精彩的瞬间。

　　本章将以多个旅拍照片为例,向大家讲解如何通过后期的设计和排版,打造出具有艺术效果的照片。

【本章实例展示】

10.1 怎样排版才好看

对于拍摄好的照片，需要做后期处理时，一些素材的运用是必不可少的。但只是素材好看还不够，图像的色调调整、素材和文字的排列组合要得当，画面才会美观。有时，一种颜色的变化，位置的稍微偏移都会对整体效果影响很大。

1. 整齐

很多人认为在照片后期设计中，尤其是旅拍照片，觉得怎么随意就怎么做，有些将颜色调整得非常奇怪，有些将版面设计得很凌乱，没有主次，就是因为不够整齐。其实，只要稍微加上几条辅助线条，就可以轻松归纳画面中的元素。上下对齐，左右对称，有流线感，这些辅助线在画面里不会被轻易发现。再加上色调的修饰，让画面看起来整齐美观。整齐的图片如图 10-1 所示。

2. 协调

经常有人在添加了文字或素材后，感觉画面协调性很差，这是因为字体运用得太多，大小不够统一，以及素材分布不平均等因素造成的。

大标题配上小字，或者小字分散排列，同一幅画面中的字体最好不要超过三种。做到在字间距、行间距、素材之间的距离和位置平均分布，看起来清爽或稳重，不规则分布看起来随心或时尚。

3. 平衡

设计版面时，应该注意画面的平衡性。很多设计师做出一个版面来，自己都没发现有什么问题，旁人一看就能看出整个画面有些歪。这就需要设计师找准画面的重心，学会把素材放在需要的位置上，善用版面的空白做修饰、找平衡。不能让空白的位置显得很突兀，空白应该像可见的元素一样条理井然。画面平衡图片如图 10-2 所示。

图 10-1　从低到高的整齐感

图 10-2　画面平衡

4. "干净"的画面

在旅拍过程中，除了找到合适的风景和角度拍摄外，色彩也是非常重要的。通过后期处理，可以将照片颜色进行调整，做出"干净"的画面。但是这种"干净"，并不是说整体偏亮或者表现白色多一些，而是当画面色彩很多的时候，不同的部分仍然可以互相衬托和区分，比如背景和脸应该一目了然。画面干净的图片如图 10-3 所示。

图 10-3　干净的画面

10.2　增强画面层次感

拍摄者需要具备一定的调色功力，在拍摄时，拍摄者也应该根据场景、光线调整出合适的色调。

而除了画面本身的拍摄技术外，要体现出照片的层次感还可以通过后期处理调整照片明暗度和饱和度来实现。

本实例制作的是一张增强画面层次感的照片，实例展示效果如图 10-4 所示。

图 10-4　实例对比效果

设计构思：

本实例制作的是一个童话乐园的照片，画面本身色调偏暗，将通过后期处理增强图像层次感。下面将分两个步骤介绍本实例的设计构思，如图 10-5 所示。

1 增加图像中的亮度和对比度，将整体画面提亮，建筑物的前后关系得到明显的改善。

2 将颜色调整的明亮鲜艳会使画面显得更加温暖，也提升了画质。

图 10-5　本实例的设计构思

素材路径	光盘 / 素材 / 第 10 章 /10.2	实例路径	光盘 / 实例 / 第 10 章

本实例具体的操作步骤如下：

（1）按下 Ctrl+O 组合键，打开图像"素材 / 第 10 章 /10.2/ 童话城堡 .jpg"，可以看到图中颜色并不明亮，如图 10-6 所示。

（2）按下 Ctrl+J 组合键复制一次"背景"图层，得到"图层 1"，如图 10-7 所示。

图 10-6　打开素材图像

图 10-7　复制图层

（3）选择"图像"→"调整"→"亮度 / 对比度"命令，打开"亮度 / 对比度"对话框，设置"亮度"为 30、"对比度"为 20，分别增加了图像的亮度和对比度，如图 10-8 所示。

（4）单击"确定"按钮，得到的图像效果如图 10-9 所示。

图 10-8　调整图像亮度和对比度

图 10-9　图像效果（1）

（5）选择"图像"→"调整"→"自然饱和度"命令，打开"自然饱和度"对话框，设置参数分别为 40，35，增强了图像中的颜色饱和度，如图 10-10 所示。

（6）单击"确定"按钮，得到的画面效果显得更加有丰富感，如图 10-11 所示。

图 10-10　调整图像饱和度　　　　　　　　　　图 10-11　图像效果（2）

（7）选择"图像"→"调整"→"色彩平衡"命令，打开"色彩平衡"对话框，适当增加图像中的红色和黄色，设置参数分别为 28，–33，–18，如图 10-12 所示。

（8）单击"确定"按钮，得到的图像效果如图 10-13 所示，

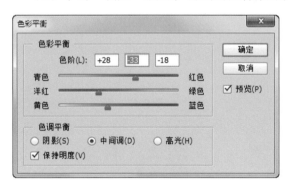

图 10-12　调整色彩平衡　　　　　　　　　　图 10-13　图像效果（3）

设计点评：

　　这里为照片中添加红色和黄色是因为原照片色调本来就有点偏蓝绿色，所以需要做一些颜色上的校正。另外，还因为图像中的城堡为暖色调，将整体色调调整的偏暖会让整个画面看起来更加协调。

10.3　调出复古蓝色调

复古色调是现在的一种流行趋势。不同的场景有不同的色调调整方式，在调整颜色之前就应该设定好基本的颜色基调，冷色调或暖色调都可以。

本实例制作的是一张复古蓝色调图像，实例展示效果如图 10-14 所示。

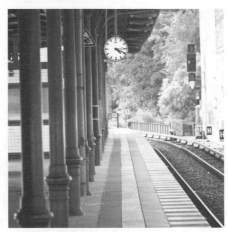

图 10-14　图像效果

设计构思：

本实例制作的是一个站台的图像，将其色调进行调整，得到复古的效果。下面将分两个步骤介绍本实例的设计构思，如图 10-15 所示。

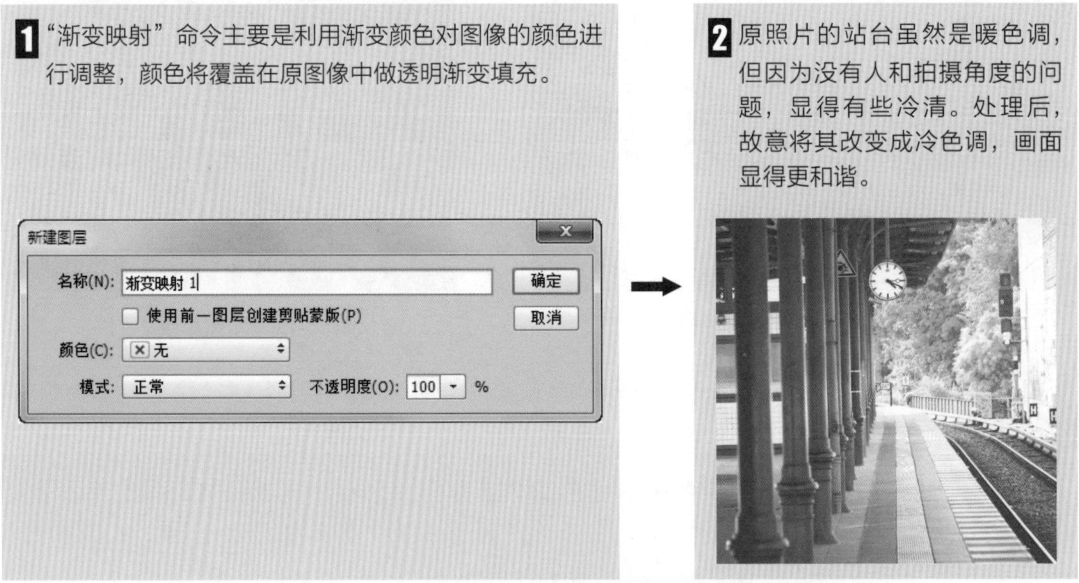

1 “渐变映射”命令主要是利用渐变颜色对图像的颜色进行调整，颜色将覆盖在原图像中做透明渐变填充。
新建图层
名称(N): 渐变映射 1
确定
使用前一图层创建剪贴蒙版(P)
取消
颜色(C): 无
模式: 正常
不透明度(O): 100 %
2 原照片的站台虽然是暖色调，但因为没有人和拍摄角度的问题，显得有些冷清。处理后，故意将其改变成冷色调，画面显得更和谐。

图 10-15　本实例的设计构思

素材路径	光盘 / 素材 / 第 10 章 /10.3	实例路径	光盘 / 实例 / 第 10 章

本实例具体的操作步骤如下：

（1）按下 Ctrl+O 组合键，打开图像“素材 / 第 10 章 /10.3/ 站台 .jpg”，如图 10-16 所示。下面将这张照片制作成复古的蓝色调效果。

（2）选择“图层”→“新建调整图层”→“渐变映射”命令，在弹出的对话框中默认

设置，如图 10-17 所示

图 10-16　打开素材图像

图 10-17　复制图层

（3）进入到"属性"面板，单击渐变色条，设置渐变颜色从蓝色（R13，G92，B211）到白色，如图 10-18 所示。

（4）单击"确定"按钮，将图层混合模式设置为"柔光"，得到添加蓝色渐变色调的图像，如图 10-19 所示，这时图像蒙上了一层蓝色，整个图像显得有点偏紫色。

图 10-18　设置渐变色

图 10-19　图像效果（1）

（5）选择"图层"→"新建调整图层"→"色彩平衡"命令，在弹出的对话框中默认设置。进入"属性"面板，设置色调为"中间调"，然后减少红色，增加绿色和蓝色，设置参数分别为 –45、50、73，如图 10-20 所示，得到的图像效果如图 10-21 所示。

图 10-20　设置中间调参数

图 10-21　图像效果（2）

（6）在"属性"面板中设置色调为"高光"，然后增加绿色和蓝色，设置参数分别为 0，19，60，如图 10-22 所示，得到的图像效果如图 10-23 所示，完成本实例的制作。

图 10-22　设置高光参数

图 10-23　完成效果（3）

10.4　唯美雪景

对于南方不常见到雪的人来说，一组美丽的雪景照是多么的珍贵，但是下雪天拍外景对摄影师和器材来说都是一种考验。会做雪景以后，一年四季想什么时候拍雪景都可以。

本实例制作的是一张明信片"唯美雪景"，实例展示效果如图 10-24 所示。

图 10-24　图像效果

设计构思：

本实例制作将改变图像中的季节，制作出一个雪景图，画面唯美。下面将分两个步骤介绍本实例的设计构思，如图 10-25 所示。

1 画面中的人物在右侧，但左侧确有明显的阳光效果，吸人眼球，这一亮点正好和人物平衡了整个画面。

2 白雪覆盖的图像会让整个画面颜色饱和度降低，特别是在填充了白色后，但这也符合季节特性。

图 10-25　本实例的设计构思

素材路径	光盘 / 素材 / 第 10 章 /10.4	实例路径	光盘 / 实例 / 第 10 章

本实例具体的操作步骤如下：

（1）按下 Ctrl+O 组合键，打开图像"素材 / 第 10 章 /10.4/ 瑜伽 .jpg"，如图 10-26 所示。下面将图像中的季节改变为白雪皑皑的冬季。

（2）按下 Ctrl+J 组合键复制一次"背景"图层，得到"图层 1"，如图 10-27 所示。

图 10-26　打开素材图像

图 10-27　复制图层

（3）选择"图像"→"新建调整图层"→"色相 / 饱和度"命令，在弹出的对话框中默认设置，进入"属性"面板，设置"全图"的"色相"为 3，"饱和度"为 –14，"明度"为 0，如图 10-28 所示。

（4）在"属性"面板中选择颜色为"黄色"，设置参数分别为 0，–68，24，如图 10-29 所示。再选择"绿色"，设置参数为 0，–89，25，如图 10-30 所示。

（5）调整好图像色调后，可以看到画面中的绿色和黄色有了明显的减淡，如图 10-31 所示。

（6）选择"图像"→"新建调整图层"→"色阶"命令，在"属性"面板中拖动下方的三角形滑块，增加图像的亮度和对比度，如图 10-32 所示。

图 10-28　设置全图参数

图 10-29　降低黄色饱和度

图 10-30　降低绿色饱和度

图 10-31　图像效果

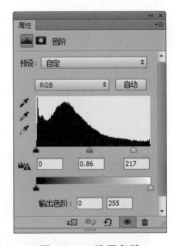

图 10-32　设置色阶

（7）调整亮度和对比度后的图像效果如图 10-33 所示。选择"通道"面板，按住 Ctrl 键单击"绿"通道，载入选区，如图 10-34 所示。

图 10-33　图像效果（2）

图 10-34　载入选区

（8）新建一个图层，设置前景色为白色，按下 Alt+Del 组合键填充选区，如图 10-35 所示。

（9）保持选区状态，再按下 Alt+Del 组合键两次，重复填充选区，然后按下 Ctrl+D 组合键取消选区，如图 10-36 所示，得到白色山体效果。

图 10-35　填充选区

图 10-36　重复填充效果

（10）选择橡皮擦工具，在属性栏中设置画笔大小为 50，"不透明度"为 25%，擦除图像中的人物、水面，以及部分树林图像，如图 10-37 所示。

（11）选择"图层"→"图层样式"→"斜面和浮雕"命令，打开"图层样式"对话框，设置样式为"内斜面"，"深度"为 100、"大小"为 5，"软化"为 0，如图 10-38 所示。

图 10-37　擦除图像

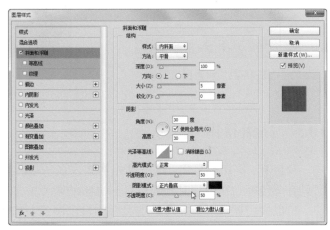

图 10-38　设置浮雕样式

（12）单击"确定"按钮，得到浮雕图像。虽然效果不是特别明显，但能让画面中的白色图像有种积雪覆盖的效果，如图 10-39 所示。

（13）打开图像"素材 / 第 10 章 /10.4/ 雪花 .jpg"，使用移动工具将其拖曳到当前编辑的图像中，放到画面左上方，如图 10-40 所示。

图 10-39　浮雕图像

图 10-40　设置浮雕样式

设计点评：

适当的运用浮雕效果能够让图像更有厚度感，正好适用于图像中的白雪覆盖效果。添加了浮雕效果后，会让季节感显得更加真实。

（14）在"图层"面板中设置该图层混合模式为"滤色"，如图10-41所示。

（15）多次按下Ctrl+J组合键复制多个雪花图像，可以根据自己的喜好分别排放到画面的其他位置，形成雪花飞舞的场景，如图10-42所示，完成本实例的制作。

图10-41　设置图层属性

图10-42　图像效果

10.5　高山日出

背包客、高山和日出，这三种元素结合在一起的时候，只是想想就觉得充满了旅行感。当只有背包客站在山顶时，缺少日出温暖的阳光是多么遗憾的事情。

可以通过照片后期处理，将温暖的日出图像制作出来。

本实例制作的是一张高山日出图，实例展示效果如图10-43所示。

图10-43　图像效果

设计构思：

本实例制作的是一个背包客站在山顶，并制作出日出的图像。下面将分两个步骤介绍本实例的设计构思，如图 10-44 所示。

1 原照片虽是蓝天白云，但画面冲击力并不强，感觉非常的普通。

2 在画面中找到日出的位置后，运用滤镜添加镜头光晕，让画面有阳光照射感。

图 10-44　本实例的设计构思

素材路径	光盘 / 素材 / 第 10 章 /10.5	实例路径	光盘 / 实例 / 第 10 章

本实例具体的操作步骤如下：

（1）按下 Ctrl+O 组合键，打开图像"素材 / 第 10 章 /10.5/ 登山 .jpg"，如图 10-45 所示。这是一张普通的旅游照片，下面将在其中添加日出效果。

（2）按下 Ctrl+J 组合键复制一次"背景"图层，得到"图层 1"，如图 10-46 所示。

图 10-45　打开素材图像

图 10-46　复制图层

（3）选择"滤镜"→"渲染"→"光照效果"命令，在"属性"面板中设置光照效果为"点光"，颜色分别为白色和橘黄色（R254，G215，B35），然后再设置各项参数，如图 10-47 所示。

（4）在图像中移动光圈位置到画面左侧，并适当缩小光圈，如图 10-48 所示，完成后单击属性栏中的"确定"按钮即可。

图 10-47　设置光照参数

图 10-48　设置光照位置

技巧提示：

　　　　在"属性"面板中设置光照的颜色，只需单击"颜色"右侧的色块即可打开"拾色器"对话框，在其中可以设置具体的参数信息。

（5）选择"图像"→"新建调整图层"→"曲线"命令，进入"属性"面板，在面板中选择"绿"色通道，如图 10-49 所示。调整曲线，适当降低绿色，如图 10-50 所示。

图 10-49　选择通道

图 10-50　调整曲线

（6）选择"红"色通道，将红色也降低一些，如图 10-51 所示。这样偏色的图像会变得正常，如图 10-52 所示。

（7）选择"图像"→"新建调整图层"→"色阶"命令，进入"属性"面板，调整下面的三角形滑块，增加图像明暗度，如图 10-53 所示，效果如图 10-54 所示。

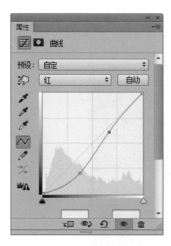

图 10-51　调整曲线

图 10-52　图像效果（1）

图 10-53　调整色阶

图 10-54　图像效果（2）

（8）新建一个图层，将其填充为黑色，如图 10-55 所示。选择"滤镜"→"渲染"→"镜头光晕"命令，在预览框中单击设置镜头的位置，然后选择"镜头类型"为"50-300 毫米变焦"，"亮度"为 129%，如图 10-56 所示。

图 10-55　新建图层并填充

图 10-56　"镜头光晕"滤镜

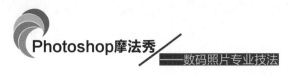
（9）单击"确定"按钮回到画面中，设置该图层的混合模式为"滤色"，得到的图像效果如图 10-57 所示。

图 10-57　完成效果

10.6　阳光穿透树林

　　制作阳光照射的效果有一个前提，首先要在室外，其次需要照片本身就有光源，比如带有高光的云彩，或者是一扇窗，或者是有明显的发光体等，否则制作出来的阳光穿透力缺乏真实感。

　　本实例制作的是一张阳光穿透树林的图像，实例展示效果如图 10-58 所示。

图 10-58　实例效果

设计构思：

　　本实例制作的是一个阳光照射到树林中的图像，光线具有很强的穿透力。下面将分 4 个步骤介绍本实例的设计构思，如图 10-59 所示。

1 改变图像中树林的颜色，从翠绿色变成为酒红色。让画面显得沉稳一些，为阳光照射提供好的画面效果。

2 由于阳光是暖色调，所以特意使用黄色来绘制阳光，使图像效果更加真实。

3 照射的阳光也将反映在地面上，通过白色圆点的绘制得到地面的阳光斑点。

4 通过画笔工具绘制出层层叠叠的光线照射效果，通过大小不一的线条，得到阳光穿透树林的图像。

图 10-59 本实例的设计构思

素材路径	光盘 / 素材 / 第 10 章 /10.6	实例路径	光盘 / 实例 / 第 10 章

本实例具体的操作步骤如下：

（1）按下 Ctrl+O 组合键，打开图像"素材 / 第 10 章 /10.6/ 树林 .jpg"，下面将在该图中添加阳光照射效果，如图 10-60 所示。

（2）选择"图像"→"调整"→"色相 / 饱和度"命令，如图 10-61 所示。

（3）单击"确定"按钮，可以看到画面中的树林已经改变成了红色调，如图 10-62 所示。

图 10-60 打开素材图像

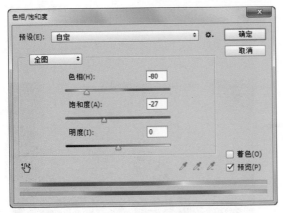

图 10-61　调整图像颜色

图 10-62　图像效果

（4）选择"图像"→"调整"→"HDR 色调"命令，打开"HDR 色调"对话框，首先设置下面的曲线样式，然后再设置各选项参数，如图 10-63 所示。

（5）新建一个图层，设置前景色为黄色，使用画笔工具在树林中绘制一些黄色圆点，如图 10-64 所示。

（6）在"图层"面板中设置该图层混合模式为"叠加"，得到的图像效果如图 10-65 所示。

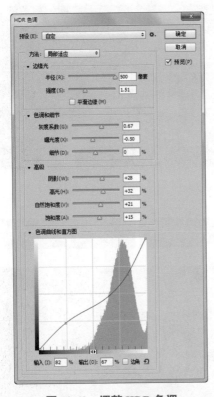

图 10-63　调整 HDR 色调

图 10-64　绘制黄色图像

图 10-65　设置图层混合模式

（7）再新建一个图层，设置前景色为白色，使用画笔工具在草地上绘制一些白色圆点，如图 10-66 所示。

（8）按下 Ctrl+T 组合键将图像向下压缩，得到较扁的圆点效果，如图 10-67 所示。

图 10-66　绘制白色圆形

图 10-67　向下压缩图像

（9）按下 Enter 键确认变换，然后设置该图层的混合模式为"叠加"，得到的图像效果如图 10-68 所示。

（10）新建一个图层，选择画笔工具，在属性栏中设置画笔大小为 60，在图像中绘制一条较长的白色直线，如图 10-69 所示。

图 10-68　设置图层属性

图 10-69　绘制白色直线

（11）按下 Ctrl+T 组合键适当旋转图像，并将直线的一头放到图像顶部，如图 10-70 所示。

（12）在"图层"面板中设置该图层混合模式为"叠加"，然后复制多个白色直线图像，分别调整不同的大小和角度，得到的光线效果如图 10-71 所示。

图 10-70　旋转图像

图 10-71　完成效果

设计点评：

在制作光线图像效果时，可以在"图层"面板中适当调整图层的不透明度，这样才能让光线照射显得更加有层次感。制作完成后，还可以使用橡皮擦工具对光线图像的边缘做适当的擦除，才能更加真实。

10.7 夕阳海岸线

夕阳西下，在美丽的海边看到日落，这一美景非常值得人们摄影留念。而受到相机或光线的限制，往往在黄昏时分拍摄的照片色调都不够理想，可以通过照片后期处理为图像添加一些不一样的色调。

本实例制作的是一张黄昏时分的海岸线图像，实例展示效果如图 10-72 所示。

图 10-72　实例对比效果

设计构思：

本实例制作的是一个夕阳海岸线，画面唯美。下面将分两个步骤介绍本实例的设计构思，如图 10-73 所示。

1 通过叠加一个黄色图层，先整体调整图像色调，这也是快速改变图像色调的方法之一。

2 从细节上调整了图像色调后，最后一步需要调整图像的亮度和对比度，让画面层次感更强。

图 10-73　本实例的设计构思

| 素材路径 | 光盘 / 素材 / 第 10 章 /10.7 | 实例路径 | 光盘 / 实例 / 第 10 章 |

本实例具体的操作步骤如下：

（1）按下 Ctrl+O 组合键，打开图像"素材 / 第 10 章 /10.7/ 海边 .jpg"，下面将制作夕阳照射的海岸线效果，如图 10-74 所示。

（2）新建一个图层，设置前景色为淡黄色，按下 Alt+Del 组合键填充画面背景，如图 10-75 所示。

图 10-74　打开素材图像

图 10-75　新建图层并填充

（3）设置该图层的混合模式为"正片叠底"，得到淡黄色调的图像效果，如图 10-76 所示。

（4）选择"图层"→"新建调整图层"→"曲线"命令，进入"属性"面板，设置通道为"绿"色，调整曲线的"输入"为 24，如图 10-77 所示。

图 10-76　图像效果（1）

图 10-77　调整绿色通道

（5）选择"蓝"色通道，设置"输出"为 182，如图 10-78 所示，得到的图像效果如图 10-79 所示。

（6）选择"图层"→"新建调整图层"→"色阶"命令，进入"属性"面板，调整下面的三角形滑块，增加图像的明暗度，如图 10-80 所示，得到的图像效果如图 10-81 所示。

图 10-78　调整蓝色通道

图 10-79　图像效果（2）

图 10-80　调整色阶

图 10-81　图像效果（3）

（7）选择"图层"→"新建调整图层"→"亮度 / 对比度"命令，进入"属性"面板，调整图像整体亮度和对比度，如图 10-82 所示，得到的图像效果如图 10-83 所示，完成本实例的制作。

图 10-82　调整亮度和对比度

图 10-83　图像效果（4）

10.8　梦幻唯美紫色效果

当拍摄的照片自己感觉不满意的时候，除了调整图像色调和明暗度外，还可以复制图像，做水平或垂直翻转，就可以得到不一样的图像效果。

本实例制作的是一张梦幻唯美紫色效果图，实例展示效果如图 10-84 所示。

图 10-84　图像效果

设计构思：

本实例制作的是一个梦幻唯美紫色效果图，画面唯美。下面将分两个步骤介绍本实例的设计构思，如图 10-85 所示。

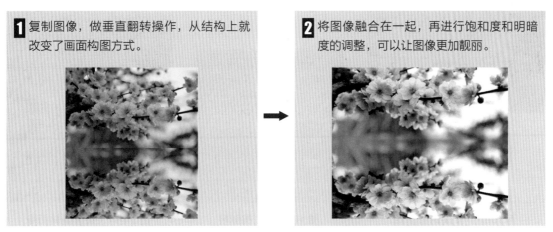

1 复制图像，做垂直翻转操作，从结构上就改变了画面构图方式。

2 将图像融合在一起，再进行饱和度和明暗度的调整，可以让图像更加靓丽。

图 10-85　本实例的设计构思

素材路径	光盘 / 素材 / 第 10 章 /10.8	实例路径	光盘 / 实例 / 第 10 章

本实例具体的操作步骤如下：

（1）按下 Ctrl+O 组合键，打开图像"素材 / 第 10 章 /10.8/ 梅花 .jpg"，将为其打造出梦幻唯美的色调效果，如图 10-86 所示。

（2）选择"图像"→"画布大小"命令，打开"画布大小"对话框，设置"高度"为40 厘米，并定位在上方，如图 10-87 所示。

图 10-86　打开素材图像

图 10-87　设置画布大小

（3）单击"确定"按钮，得到扩展画布后的图像如图 10-88 所示。

（4）选择矩形选框工具框选上方的梅花图像，按下 Ctrl+J 组合键复制一次图层，这时"图层"面板中将得到"图层 1"，如图 10-89 所示。

（5）选择"编辑"→"变换"→"垂直翻转"命令，得到垂直翻转的图像，使用移动工具将其向下移动，如图 10-90 所示。

图 10-88　扩展画布效果

图 10-89　复制图层

图 10-90　垂直翻转图像

（6）按下 Ctrl+E 组合键合并图层，选择套索工具在图像中间的衔接处手动绘制一个不规则选区，如图 10-91 所示。

（7）选择"滤镜"→"模糊"→"高斯模糊"命令，打开"高斯模糊"对话框，设置"半径"为 9，如图 10-92 所示。

图 10-91 会制选区

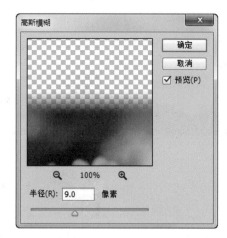

图 10-92 设置模糊参数

（8）单击"确定"按钮，得到图像模糊效果，按下 Ctrl+D 组合键取消选区，如图 10-93 所示。

（9）选择裁剪工具 ，在图像中绘制一个正方形的裁剪框，按下 Enter 键确认变换，得到的裁剪效果，如图 10-94 所示。

（10）单击"确定"按钮，得到图像模糊效果，按下 Ctrl+D 组合键取消选区，如图 10-95 所示。

图 10-93 图像效果（1）

图 10-94 设置模糊参数

图 10-95 图像效果（2）

（11）选择"图层"→"新建调整图层"→"色阶"命令，进入"属性"面板，拖曳直方图下方的三角形滑块，调整图像的明暗度，如图 10-96 所示，得到的图像效果如图 10-97 所示。

（12）选择"图层"→"新建调整图层"→"色彩平衡"命令，进入"属性"面板，选择色调为"阴影"，加强图像中的青色、洋红和黄色，如图 10-98 所示。

（13）在"属性"面板中选择色调为"中间调"，分别调整青色、洋红和黄色的参数为 –60，–67，–67，如图 10-99 所示。

（14）选择色调为"高光"，分别调整参数为 –26，–55，–4，如图 10-100 所示，得到的图像效果如图 10-101 所示。

图 10-96　设置色阶

图 10-97　图像效果（3）

图 10-98　设置阴影色调

图 10-99　设置中间调

图 10-100　设置高光色调

图 10-101　图像效果（4）

（15）选择"图层"→"新建调整图层"→"自然饱和度"命令，进入"属性"面板，适当降低图像饱和度，如图 10-102 所示，得到的图像效果如图 10-103 所示，完成本实例的制作。

图 10-102　设置自然饱和度

图 10-103　图像效果（5）

设计点评：

　　在最后一步中降低图像的自然饱和度是因为之前调整的图像整体色调偏重，显得有些土气，适当的降低图像饱和度，使画面能够更有清新、干净的感觉。

10.9　江南水乡

　　将一张普通的旅游照片处理成水墨国画般的效果是许多 Photoshop 爱好者都想尝试的事情。在原图的选择上，尽量选择山水、水乡之类的图像，这样制作出来的效果会更有中国特色。

　　本实例制作的是一张江南水乡图像，实例展示效果如图 10-104 所示。

图 10-104　图像效果

设计构思：

　　本实例制作的是一个淡彩的江南水乡画效果，画面朴实、唯美。下面将分两个步骤介绍本实例的设计构思，如图 10-105 所示。

1 为图像去除颜色后做反相操作，让画面中的线条更加明显，为后面的操作打下了基础。

2 描绘出线轮廓，再加上淡淡的颜色添加，一幅淡彩国画效果就出来了。

图 10-105　本实例的设计构思

素材路径	光盘 / 素材 / 第 10 章 /10.9	实例路径	光盘 / 实例 / 第 10 章

本实例具体的操作步骤如下：

（1）按下 Ctrl+O 组合键，打开图像"素材 / 第 10 章 /10.9/ 江南水乡 .jpg"，如图 10-106 所示。按下 Ctrl+J 组合键，复制一次"背景"图层，得到"图层 1"，如图 10-107 所示。

图 10-106　打开素材图像

图 10-107　复制图层（1）

（2）选择"图像"→"调整"→"去色"命令，去除图像颜色，将其转换为黑白效果，如图 10-108 所示。

（3）按下 Ctrl+J 组合键复制一次图层，选择"图像"→"调整"→"反相"命令，得到反相的图像，如图 10-109 所示。

图 10-108　去除图像颜色

图 10-109　反相图像

（4）在"图层"面板中设置复制图层混合模式为"颜色减淡"，得到较为空白的图像效果，如图 10-110 所示。

（5）选择"滤镜"→"最小值"命令，打开"最小值"对话框，设置"半径"为 1 像素，如图 10-111 所示。

（6）单击"确定"按钮，得到线条边框图像效果如图 10-112 所示。

（7）按下 Ctrl+E 组合键向下合并图层，并设置该图层的"不透明度"为 70%，如图 10-113 所示。

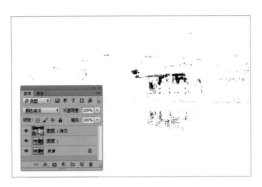

图 10-110 设置图层属性

图 10-111 "最小值"滤镜

图 10-112 线条图像效果

图 10-113 调整图层属性效果

（8）按下 Shift+Ctrl+Alt+E 组合键盖印图层，得到"图层 2"，并复制一次该图层，如图 10-114 所示。

（9）选择"滤镜"→"滤镜库"命令，在打开的对话框中选择"艺术效果"→"木刻"命令，设置参数分别为 7，1，2，如图 10-115 所示。

图 10-114 复制图层（2）

图 10-115 设置滤镜参数

277

（10）单击"图层"面板底部的"添加图层蒙版"按钮 ，选择画笔工具，在属性栏中设置其"不透明度"为50%，对一些轮廓线的位置进行涂抹，显示底部的线条图像，如图10-116所示。

图 10-116　调整图层属性效果（1）

（11）按下 Shift+Ctrl+Alt+E 组合键盖印图层，在"图层"面板中设置该图层的混合模式为"正片叠底"，如图10-117所示。

图 10-117　图像效果

（12）复制一次"图层3"，设置该图层的混合模式为"柔光"，得到图像效果如图10-118所示，完成本实例的制作。

图 10-118　调整图层属性效果（2）